高等学校计算机基础教育规划教材

程序设计实验指导书

高 潮 罗 兵 洪智勇 编著

清华大学出版社

北京

<h1 style="text-align:center">内 容 简 介</h1>

本书是《程序设计基础》(罗兵等编著)的配套实验指导教材,以 C 语言结合 C++ 的输入输出流进行实验编程,既有各知识模块的实验,也有综合性实验,还有开发平台介绍。本书以 OBE(成果导向)理念进行内容组织,注重应用,淡化语法细节,多案例、细讲解、少语法、少偏怪,目标是使学生具有基本的编程能力。具体内容分为 4 部分:C/C++ 开发平台介绍;9 个实验教学内容;C 语言的重点语法和典型程序;主教材的习题解答。

本书适合作为应用型高校计算机类、信息类、控制类专业的程序设计实验课的教材。本书配有实验程序电子资源和开发平台安装程序。

图书在版编目(CIP)数据

程序设计实验指导书/高潮,罗兵,洪智勇编著. —北京:清华大学出版社,2019(2022.7重印)
(高等学校计算机基础教育规划教材)
ISBN 978-7-302-53277-4

Ⅰ. ①程… Ⅱ. ①高… ②罗… ③洪… Ⅲ. ①程序设计-实验-高等学校-教学参考资料
Ⅳ. ①TP311.1

中国版本图书馆 CIP 数据核字(2019)第 138264 号

责任编辑:袁勤勇　杨　枫
封面设计:常雪影
责任校对:胡伟民
责任印制:朱雨萌

出版发行:清华大学出版社
　　　网　　　址:http://www.tup.com.cn,http://www.wqbook.com
　　　地　　　址:北京清华大学学研大厦 A 座　　　　　邮　　编:100084
　　　社 总 机:010-83470000　　　　　　　　　　　　邮　　购:010-62786544
　　　投稿与读者服务:010-62776969,c-service@tup.tsinghua.edu.cn
　　　质量反馈:010-62772015,zhiliang@tup.tsinghua.edu.cn
　　　课件下载:http://www.tup.com.cn,010-83470236
印　刷　者:北京富博印刷有限公司
装　订　者:北京市密云县京文制本装订厂
经　　销:全国新华书店
开　　本:185mm×260mm　　　印　张:11　　　字　数:278 千字
版　　次:2019 年 9 月第 1 版　　　　　　　印　次:2022 年 7 月第 5 次印刷
定　　价:35.00 元

产品编号:083944-01

前　言

现代科技的发展离不开计算机,现代理工科大学生需要掌握计算机编程技术,因此程序设计课是很多理工科院校开设专业最多、学生人数最多的一门必修课。对于应用型本科人才来说,既感受到了计算机编程的重要性,往往又被复杂、烦琐的语法所困扰。现代工程教育提出了成果导向的教育理念(Outcome Based Education,OBE),注重应用能力和自学能力的培养,以案例为导向,淡化理论知识的系统教学,这样可以提高学生的学习兴趣,使学习目的更明确,能更好地理论结合实际,学以致用。

目前程序设计一般采用的 C 语言有很多适合作编程入门语言的优点,如面向过程、结构化程序设计、规范、清晰、功能强、可直接控制底层、可直接访问硬件、与多种语言有相似性、容易再学习新的编程语言等。本书采用 C 语言作为编程基础语言,同时利用 C++ 兼容 C 的特点,用 C++ 语言进行编程示例,采用 C++ 的输入输出流技术,这样可使学生更多地关注于程序结构和算法,掌握程序开发的基本技能。

程序设计是一门不仅局限于思维还需要在计算机上进行操作实验的课程,为此,专门编写了这本实验教材,以指导学生的上机实验。

本书是《程序设计基础》的配套实验教材,适合应用型院校工科专业学生作为上机实验的指导书使用,也可供程序设计的初学者作为上机操作的入门教材。本书提供例题源程序和实验程序。

全书分为 4 章,第 1 章是 C/C++ 开发平台介绍,第 2 章是 9 次实验课的教学和操作内容,包括 7 次基础实验和 2 次综合性实验,第 3 章是 C 语言重点语法和典型程序,第 4 章是《程序设计基础》课本的习题解答。通过使用本实验指导书,可以使学生实验更有目的性,提高实验效率,从而达到事半功倍的效果。

本书由高潮、洪智勇、罗兵编著,高潮编写了第 2、4 章,洪智勇编写了第 1 章,罗兵编写了第 3 章及负责全书的统稿工作。

由于作者知识水平有限,加之时间紧迫,本书难免存在不足,欢迎读者不吝指正。

作　者
2019 年 3 月

目 录

第 **1** 章

C/C++ 开发平台介绍

1.1 Dev-C++ 开发平台

1.1.1 Dev-C++ 简介

Dev-C++ 是由 Bloodshed 公司开发的一款 C/C++ 集成开发环境下的开发工具 (IDE)，具有很好的开放性，它结合了免费的 C/C++ 编译器和类库，提供一种全开放、全免费的方案，具有对非商业用途应用开发的免费使用授权。它是一款自由软件，遵守 GPL 许可协议。

Dev-C++ 是适合 Windows 的一个全功能的综合开发环境，使用 GCC 作为编译器和库组。用户可以在 Orwell 公司的主页下载安装程序，该网站也有关于 Dev-C++ 的论坛，具体下载地址为 https://sourceforge.net/projects/orwelldevcpp/，也可以从百度云盘下载安装程序，具体下载地址为 https://pan.baidu.com/s/15gHhCABNCYCSvqZwErm5sA（本书编者上传）。

Dev-C++ 的界面十分友好，而且支持多国语言操作，其中包括了中文，只要在安装后初次运行时选择"简体中文"，就可以使用简体中文界面。它包括多页面窗口、项目编辑器等。在项目编辑器中集合了编辑器、编译器、连接程序和执行程序。同时，采用高亮度语法显示，以减少编辑错误。还有完善的调试功能，适合初学者与编程高手的不同需求，是学习 C 或 C++ 的首选开发工具。

Dev-C++ 的优点是功能简捷，适合在教学中供 C/C++ 语言初学者使用。它集成了 AStyle 源代码格式整理器，只要选择菜单 AStyle→"格式化当前文件"命令就可以把当前窗口中的源代码按一定的风格迅速整理好排版格式。它还提供了一些常用的源代码片段，只要在源程序编辑窗口中右击，在弹出的快捷菜单中选择"插入"命令就可以在下拉项中选择需要插入的常用源代码片段。

Dev-C++ 的缺点是功能并不完善，容易出现 Bug。因此它不适合商业或大型软件开发使用。

Dev-C++ 的原开发公司在开发完4.9.9.2版本后停止了开发。现在由 Orwell 公司继续更新维护。

1.1.2 Dev-C++ 的安装

运行安装程序 Dev-Cpp.5.11.exe 后,首先提示选择安装语言,可以直接单击 OK 按钮选择默认的英语版本,如图 1-1 所示。

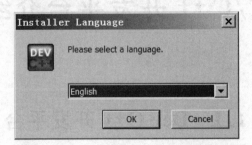

图 1-1　Dev-C++ 安装第一步的安装语言选择

然后在弹出的软件的使用许可协议中,单击 I Agree 按钮即可,如图 1-2 所示,否则无法继续安装。

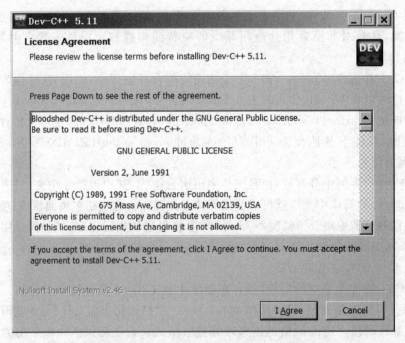

图 1-2　Dev-C++ 安装时同意软件使用许可协议

然后是选择安装组件,建议选择类型为 Full,单击 Next 按钮继续,如图 1-3 所示。

下一步是选择安装路径。默认路径是 C:\Program Files\Dev-Cpp,也可以自定义设置安装路径,如图 1-4 所示。

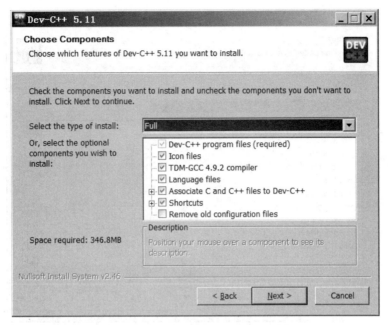

图 1-3　Dev-C++ 安装时选择安装组件

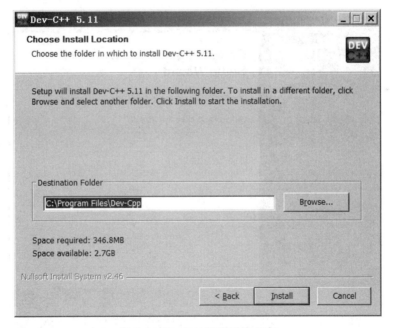

图 1-4　Dev-C++ 安装路径选择

　　然后安装程序自动解压缩,提取安装文件,如图 1-5 所示。

　　安装完成后将显示如图 1-6 所示的界面,此时可直接选中"Run Dev-C++ 5.11"单选框,单击 Finish 按钮结束安装,并启动 Dev-C++ 程序。也可以从桌面快捷方式或程序启动栏中启动该程序。第一次运行 Dev-C++ 会提示进行语言和显示主题风格的设置。

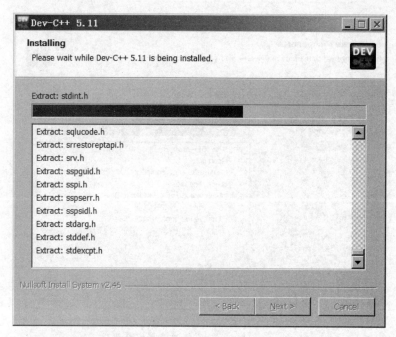

图 1-5 Dev-C++ 安装过程

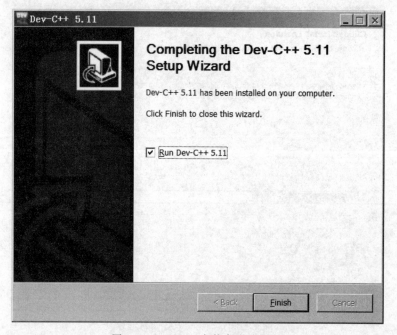

图 1-6 Dev-C++ 安装完成的界面

　　语言选择界面如图 1-7 所示,建议选择第 3 行的"简体中文/Chinese"。
　　在后面运行 Dev-C++ 的过程中,也可以通过选择"工具(Tools)"→"环境选项
(Environment Options…)"来修改界面的语言显示设置,如图 1-8 所示。

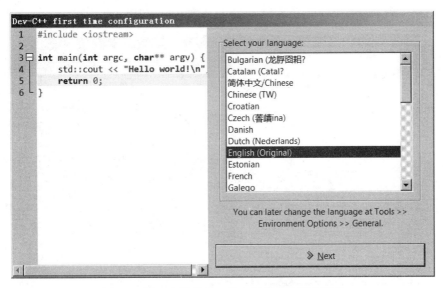

图 1-7　第一次运行 Dev-C++ 时提示的语言选择

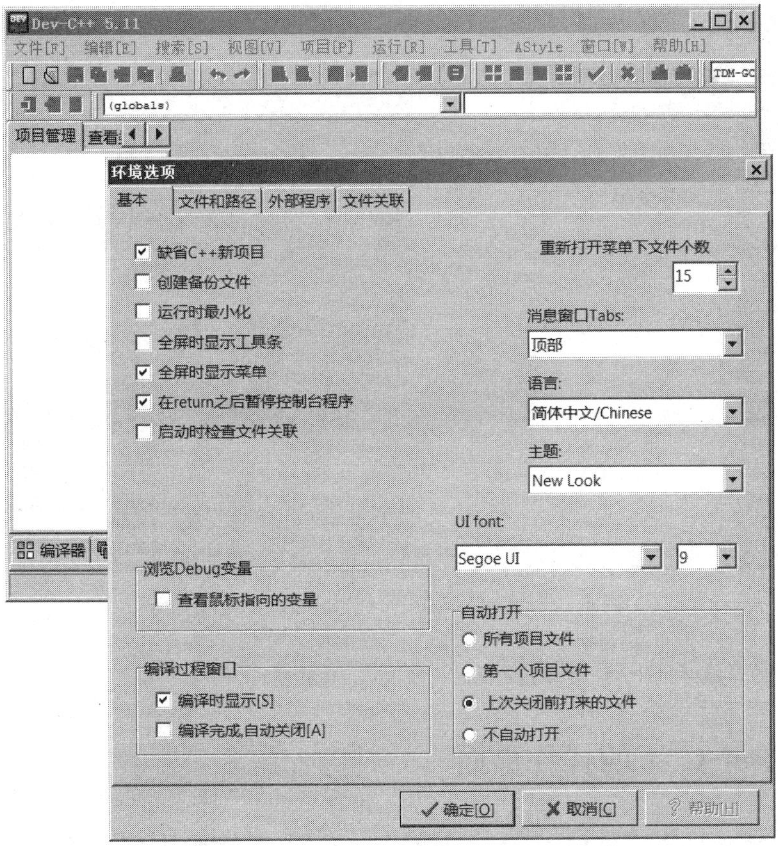

图 1-8　运行 Dev-C++ 中修改语言设置

然后还会提示进行显示主题选择,建议采用默认值,如图 1-9 所示。

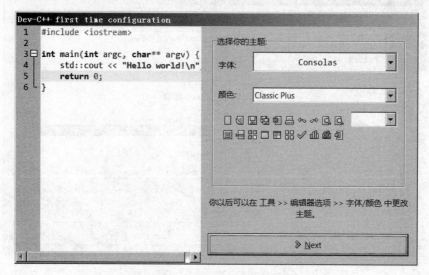

图 1-9　第一次运行 Dev-C++ 时提示的界面主题设置

最后显示设置完成界面,如图 1-10 所示。

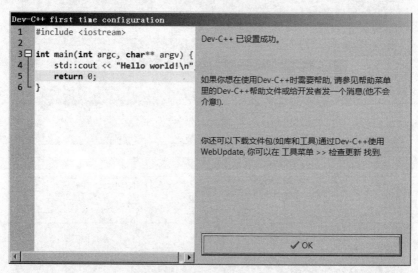

图 1-10　第一次运行 Dev-C++ 时设置完成界面

这样,就完成了 Dev-C++ 的安装。

1.1.3　Dev-C++ 的操作界面

Dev-C++ 安装完成以后,双击桌面的 Dev-C++ 图标或从开始菜单启动程序,如图 1-11 所示。

在 Dev-C++ 中可以新建源文件并进行编辑、编译、调试和运行,还可以打开已保存

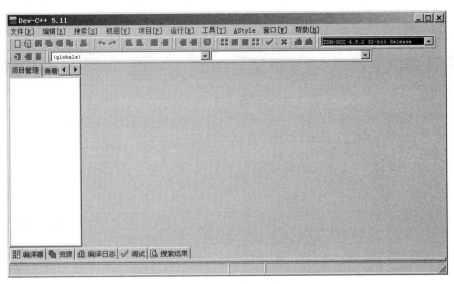

图 1-11　Dev-C++ 的初始界面

的.c 或.cpp 源文件。源文件可以通过任意文本编辑软件新建、编辑或保存。

直接双击打开一个.c 或.cpp 文件也可以进入 Dev-C++ 程序并打开该文件。Dev-C++中打开一个桌面上的 C++ 源程序文件后的界面如图 1-12 所示。

图 1-12　Dev-C++ 打开一个 C++ 源程序文件后的界面

在 Dev-C++ 中第一次编译源程序前需要根据所在计算机的操作系统选择 Dev-C++的编译器配置（32 位或 64 位）和编译后的版本（调试版、发布版或简要版）。其工具栏上有 3 个按钮是最常用的，如图 1-13 所示，分别表示编译、运行、编译并运行。

编译、连接后生成的可执行程序（.exe）如果在操作系统下直接双击运行，往往会出现窗口一闪而过的现象，这不是程序的问题，而是因为程序如果没有输入交互就会很快运行结束，自动关闭窗口而导致看不到输出结果。解决办法有很多，如在程序最后加上一句"getchar();"，程序运行就会等待用户按下回车键后才会结束。或者在程序最后加上一句"system("pause");"，程序运行时会出现提示"请按任意键继续…"，并等待一个按键输入后才关闭窗口结束运行。

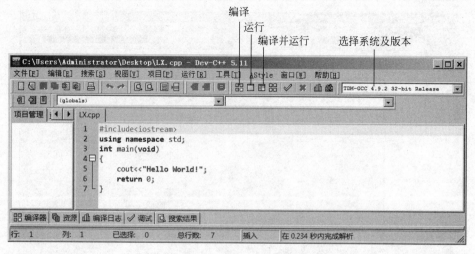

图 1-13　Dev-C++ 的常用编译、运行按钮

1.2　Visual C++ 平台介绍

1.2.1　Visual C++ 简介

Microsoft Visual C++（简称 Visual C++、MSVC、VC++ 或 VC），是微软公司的 C++ 开发工具，具有集成开发环境，可编辑 C、C++ 以及 C++/CLI 等编程语言。VC++ 整合了便利的除错工具，特别是整合了微软视窗程序接口（Windows API）、三维动画 DirectX API 和 Microsoft .NET 框架。目前最新的版本是 Microsoft Visual C++ 2017。教学中使用较多的稳定版本是 Microsoft Visual C++ 6.0（以下简称 VC 6.0），如图 1-14 是 VC 6.0 运行后的界面。

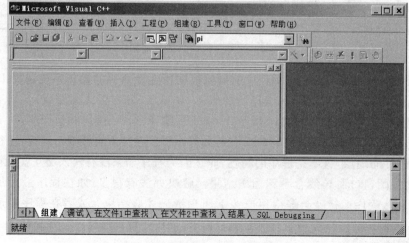

图 1-14　运行 VC 6.0 后的界面

Microsoft Visual C++ 是开发 Win32 环境程序、面向对象的可视化集成编程系统。它不但具有程序框架自动生成、灵活方便的类管理、代码编写和界面设计集成交互操作、可开发多种程序等优点，而且通过简单的设置就可使其生成的程序框架支持数据库接口、OLE2、WinSock 网络和三维控制界面。它可以"语法高亮"显示不同类别字符，IntelliSense(自动编译功能)以及高级除错，它允许用户进行远程调试，单步执行等。它还允许用户在调试期间重新编译被修改的代码，而不必重新启动正在调试的程序。这些功能可以加快程序的调试，在大型软件开发中会显示明显的优势。

VC 6.0 集成了 MFC 6.0，于 1998 年发行，一直被广泛应用于各种 Win32 应用程序开发。但是，这个版本在 Windows XP 下运行会出现一些问题，尤其是在调试模式的情况下(如静态变量的值不会显示)。这个调试问题可以通过打 Visual C++ 6.0 Processor Pack 的补丁文件来解决。更好的解决方法是在更高版本的 Windows 操作系统下运行。

VC 6.0 同样可以新建、打开、编辑、保存、编译、运行、调试一个 C 或 C++ 源程序。图 1-15 所示是 VC 6.0 打开一个 C++ 源程序文件后的界面。

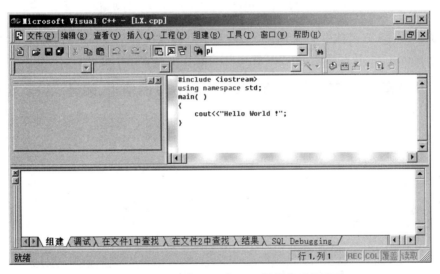

图 1-15　VC 6.0 打开一个 C++ 源程序后的界面

与 Dev-C++ 有所不同的是，在 VC 6.0 中编译或运行一个 C 或 C++ 程序，必须先将其加入到一个项目(project)中，也就是说，它是以项目为单位来编译、运行程序的。项目中可以包含一个或多个相关程序文件，但只能有一个 main 函数。图 1-16 是编译图 1-15 的源程序后显示的界面，提示用户将源程序加到一个默认的与该程序文件同名的项目中。VC 6.0 中文版将 project 翻译为"工程"，后续的 Visual Studio 翻译为"项目"。

1.2.2　Visual C++ 的使用

VC 6.0 是一个基于 Windows 平台的可视化的集成开发环境(IDE)，它集程序的编辑、编译、连接、运行、调试等功能于一体，而且提供了更加强大的系统集成能力。其中，最基本的是它通过项目的方式来管理系统的开发过程。

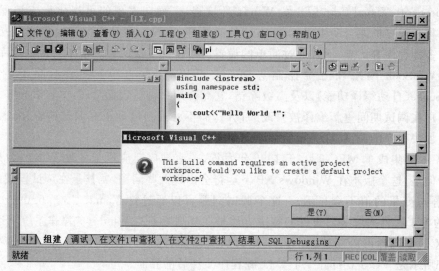

图 1-16　VC 6.0 编译一个 C++ 源程序后的界面

下面以 VC 6.0 简体中文版为平台,通过例题"输入圆的半径,求圆的面积"的编程初步认识 Visual C++ 开发环境,初步了解 C 语言程序的基本结构和特点。

1. 从新建"一个空项目"开始,实现例题程序的编辑、编译、连接、运行(调试)的全过程

项目名称为 prj0202,存放项目的上一级文件夹为 D:\EXAMPLE。

具体操作步骤如下。

(1) 启动 VC 6.0 后,进入集成开发环境。

VC 6.0 的主窗口界面包括标题栏、菜单栏、项目(工程)工作空间、主工作空间、输出窗口和状态栏等,如图 1-17 所示。

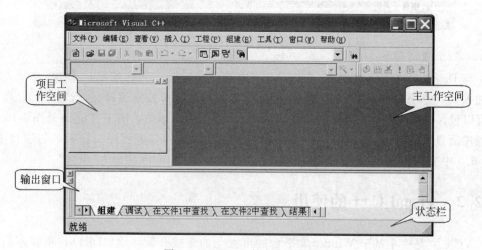

图 1-17　VC 6.0 的主窗口界面

- 项目工作空间(Workspace)，又称为项目工作区，它现在为空，用于组织文件、项目和项目配置。当建立一个项目或读进一个项目后，该窗口的下端通常会出现 2～3 个视图面板：类视图(ClassView)、资源视图(ResourceView)及文件视图(FileView)，方便对项目的管理和操作。
- 主工作空间：现在为空，它用于各种程序文件、资源文件、文档文件以及帮助信息等的显示或编辑。
- 输出窗口：现在为空，它用于显示项目建立过程中所产生的各种信息。
- 状态栏：给出当前操作或所选择的命令的提示信息。

(2) 新建"一个空项目"——项目类型 Win32 Console Application(控制台程序)。

① 执行"文件"→"新建"命令，打开"新建"对话框。对话框中有文件、工程、工作区和其它文档 4 个选项卡。

② 在"新建"对话框的"工程"选项卡中，选择工程类型 Win32 Console Application (控制台程序)和工程位置 D:\EXAMPLE，并输入工程名称 prj0202，如图 1-18 所示。然后单击"确定"按钮，进入创建项目的下—窗口。

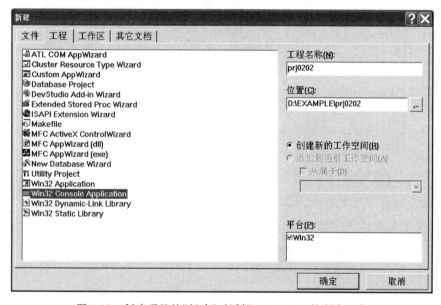

图 1-18　创建项目的"新建"对话框——Win32 控制台程序

③ 在打开的窗口中选择"一个空工程"选项，如图 1-19 所示，然后单击"完成"按钮。进入下一窗口后，再单击"确定"按钮，返回主窗口。这时主窗口的项目工作空间出现了 ClassView(类视图)和 FileView(文件视图)两个视图面板，如图 1-20 所示。同时，系统自动在 D:\EXAMPLE 文件夹中建立了 prj0202 文件夹，并在其中生成了 prj0202.dsp、prj0202.dsw 文件和 Debug 文件夹。Debug 文件夹将用于存放编译、连接过程中产生的文件。

(3) 建立 C 语言源程序文件(*.c)。

① 再次执行"文件"→"新建"命令，打开"新建"对话框，选择"文件"选项卡。在"文

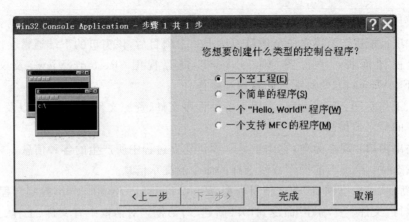

图 1-19　Win32 控制台程序创建步骤对话框

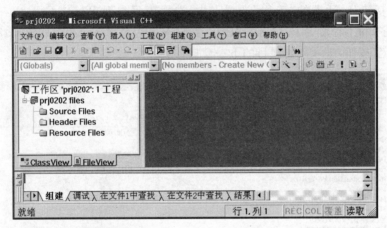

图 1-20　一个控制台程序的空项目建立后的项目工作空间的结构

件"选项卡上选择文件类型"文本文件",输入文件名 Ex0202.c(注意不要漏掉文件扩展名.c),其他使用默认值,如图 1-21 所示。

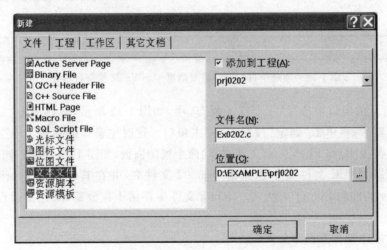

图 1-21　创建 C 语言源程序文件的"新建"对话框

② 单击"确定"按钮,返回主窗口。这时主窗口的主工作空间出现了源程序文件编辑窗口。在该编辑窗口输入如图 1-22 所示的源程序代码。

图 1-22　源程序文件编辑窗口

在输入源程序代码的过程中,可以发现程序代码中有些单词的颜色是蓝色的,有些字符的颜色是绿色的。蓝颜色的单词表示它们是系统定义的关键字,绿颜色的文本是注释内容。

③ 源程序代码输入、编辑结束后,执行"文件"→"保存"操作。

（4）编译→连接→运行（调试）。

① 选择"组建"→"编译"命令,或是单击"编译微型条"工具栏上的"编译"按钮,编译生成源程序的目标代码文件（＊.obj）。

② 选择"组建"→"组建"命令,或是单击"编译微型条"工具栏上的"组建"按钮,连接生成可执行文件（＊.exe）。

③ 在以上编译、连接过程中,若有问题,则在输出窗口中会给出相应的错误信息。这时可参照错误信息,分析原因改正错误,再重新编译、连接,直至通过。

④ 编译、连接通过以后,选择"组建"→"执行"命令,或是单击"编译微型条"工具栏上的"执行"按钮,运行程序。如果程序运行不能得到预想的结果,则需要进行分析、调试,直到程序修改正确为止。

本示例程序的最后运行结果如图 1-23 所示。在该程序运行窗口中,10 是用户用键盘输入的半径值,Press any key to continue 是 VC 6.0 系统给出的提示信息,其他均是程序运行自动输出的结果。

在整个过程中,系统在相应的项目文件夹 D:\EXAMPLE\prj0202 中为该项目生成了许多文件,其主要的文件结构如图 1-24 所示。

（1）prj0202.dsp——项目文件,存储了当前项目的特定信息,如项目设置等。

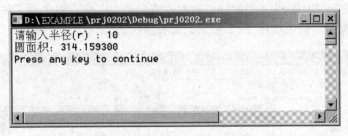

图 1-23 计算圆面积程序的运行结果

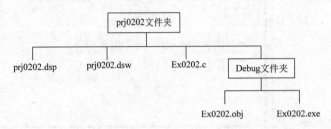

图 1-24 项目 prj0202 的文件结构

（2）prj0202.dsw——工作空间文件，含有工作空间的定义和项目中所包含文件的所有信息。打开工作空间文件，可以继续已有项目的进一步操作；关闭工作空间，则关闭了该工作空间内的所有工作。

（3）Ex0202.c——源程序文件。

（4）Debug 文件夹——该文件夹存放了编译、连接过程中生成的中间文件以及最终生成的可执行文件。其中，Ex0202.obj 是编译后产生的目标代码文件，Ex0202.exe 是连接后最终生成的可执行文件。

源程序编译后生成的目标代码文件（*.obj），其文件名与源程序文件名相同；将相应的目标文件和系统的其他文件连接后生成的可执行文件（*.exe），其文件名与项目名相同。

在这些文件中，Ex0202.c 文件是最重要的文件，它才是用户自己建立的文件，其他文件是由系统自动生成的。

2. 从直接创建源程序文件开始，实现上述程序的编辑、编译、连接、运行（调试）的全过程

具体操作步骤如下。

（1）执行"文件"→"关闭工作空间"命令，关闭原来的项目。这一步非常重要，否则会造成一个项目中有多个 main() 函数的问题（如果是从启动 VC 6.0 开始，则忽略该步骤）。

（2）直接创建源程序文件。

执行"文件"→"新建"命令，打开"新建"对话框，选择"文件"选项卡。在"文件"选项卡上，先选择文件类型"文本文件"，再选择文件的存放位置 D:\EXAMPLE，最后输入文件名 Ex0202.c，如图 1-25 所示。然后在源程序文件编辑窗口输入源程序代码，并保存文件。这时，文件 Ex0202.c 保存在 D:\EXAMPLE 文件夹中。

图 1-25　直接创建 C 语言源程序文件的"新建"对话框

(3) 编译→连接→运行(调试)。

这里的操作步骤与前面所述完全相同,只是在开始编译后,出现一个对话框,系统要自动创建一个默认的项目工作空间,如图 1-26 所示。这时单击"是(Y)"按钮即可。

图 1-26　创建默认项目工作空间"确认"对话框

说明:

(1) 以上操作的第(2)步也可以通过直接单击工具栏上的"新建文本文件"按钮来实现源程序文件的输入、编辑等操作,如图 1-27 所示。此时系统自动在默认的文件夹中以 Text1.txt、Text2.txt 等临时文件名来建立文件,但这时系统不能自动识别 C 语言程序的关键字、注释等代码信息,关键字、注释与其他代码不会有任何颜色的区别,不利于源程序文件的输入、编辑等操作。

为了使系统能够按 C 语言源程序代码的特征识别文件内容,可以在正式输入程序代码前先执行文件保存操作,打开文件"保存为"对话框,如图 1-28 所示。在该对话框中,选择文件的存放位置 D:\EXAMPLE,输入文件名 Ex0202.c,然后单击"保存"按钮,系统即进入可以识别 C 语言程序的关键字、注释等代码特征的编辑状态,如图 1-29 所示,从而有利于源程序文件的输入、编辑等操作。

(2) "从直接创建源程序文件开始"的操作步骤比"从新建一个空项目开始"的操作步骤要简单,它较适合于单文件的控制台应用程序的实现。但因它是利用系统自动创建的默认项目工作空间对整个程序的实现过程进行管理的,所以对源程序文件、资源文件及其他文件的管理方式过于简单,不适合于多文件程序的管理和实现。

图 1-27 单击"新建文本文件"按钮后打开的文件编辑窗口

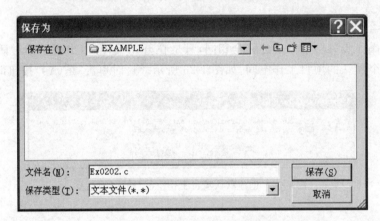

图 1-28 文件"保存为"对话框

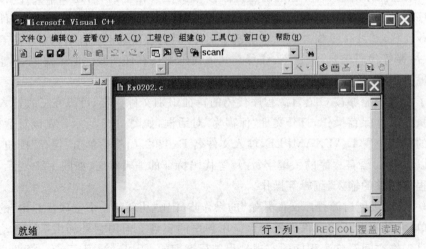

图 1-29 可识别程序代码特征的文件编辑窗口

1.3 Visual Studio 介绍

Visual Studio 是微软公司推出的最新一代开发环境，它可以用来创建 Windows 平台下的 Windows 应用程序和网络应用程序，也可以用来创建网络服务、智能设备应用程序和 Office 插件。Visual Studio 是目前最流行的 Windows 平台应用程序开发环境。

Visual Studio 包括各种增强功能，如可视化设计器（使用. NET Framework 3.5 加速开发）、对 Web 开发工具的大量改进，以及能够加速开发和处理所有类型数据的语言增强功能。Visual Studio 为开发人员提供了所有相关的工具和框架支持，帮助用户创建引人注目的、令人印象深刻并支持 AJAX 的 Web 应用程序。

开发人员能够利用这些丰富的客户端和服务器端框架轻松构建以客户为中心的 Web 应用程序，这些应用程序可以集成任何后端数据提供程序、在任何当前浏览器内运行并完全访问 ASP. NET 应用程序服务和 Microsoft 平台。

Visual Studio 可以用来创建 Windows 平台下的 Windows 应用程序和网络应用程序，也可以用来创建网络服务、智能设备应用程序和 Office 插件。Visual Studio 是目前最流行的 Windows 平台应用程序开发环境。

Visual Studio 还将 Visual C++ 整合在其中，也可单独安装使用。

目前最新的是 Visual Studio 2010，它还有如下 4 种版本。

(1) Visual Studio 2010 Professional 是供开发人员执行基本开发任务的重要工具。可简化在各种平台（包括 SharePoint 和云）上创建、调试和开发应用程序的过程。Visual Studio 2010 Professional 自带对测试驱动开发的集成支持以及调试工具，以帮助提供高质量的解决方案。

(2) Visual Studio 2010 Premium 是一个功能全面的工具集，可为个人或团队简化应用程序开发过程，支持交付可扩展的高质量应用程序。无论是编写代码、构建数据库、测试还是调试，都可以使用能够按照用户的方式工作的强大工具来提高工作效率。

(3) Visual Studio 2010 Ultimate 是一个综合性的应用程序生命周期管理工具套件，可供团队用于确保从设计到部署的整个过程都能取得较高质量的结果。无论是创建新的解决方案，还是改进现有的应用程序，它都能让用户针对不断增加的平台和技术（包括云和并行计算）将梦想变成现实。

(4) Visual Studio Test Professional 2010 是质量保障团队的专用工具集，可简化测试规划和手动测试执行过程。它与开发人员的 Visual Studio 软件配合运行，可在整个应用程序开发生命周期内实现开发人员和测试人员之间的高效协作。

图 1-30 所示是 Visual Studio 2010 运行后的界面。它虽然功能强大，但是在开发 C/C++ 程序时的操作与 VC 6.0 基本是相同的，为此，不再展开介绍。读者在学习 Web 程序开发中会用到其强大功能，可以再结合学习 Web 软件开发技术来掌握其使用。

上面介绍了比较流行的 3 种 C/C++ 开发平台，需要说明的是 Dev-C++ 是免费软件，

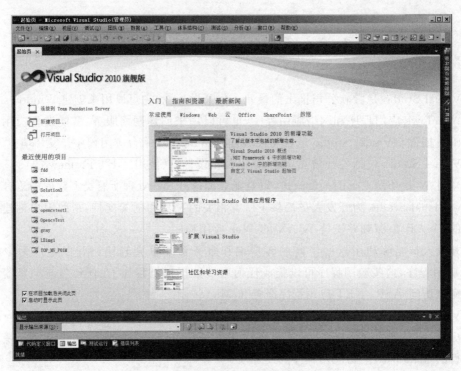

图 1-30　Visual Studio 2010 运行后的界面

VC 6.0 或者 Visual Studio 2010 都是收费软件。而且 Dev-C++ 对于初学者在编辑程序、调试、运行等使用上更方便,所以本书的后续实验都是基于 Dev-C++ 开发平台来实现的。

第**2**章

实验教学内容

2.1　实验一　熟悉开发环境及简单的程序开发

【实验目的】

1. 熟悉 C 语言的集成开发环境,掌握程序的编辑、编译、连接及运行的全过程。
2. 了解 C 语言源程序的基本格式,掌握基本的输入、输出操作。
3. 熟悉 C 语言的基本运算符与表达式,了解计算机语言与数学语言之间的联系和区别,能够将一个基本数学命题转换为 C 语言的表达式,并编写出简单的验证程序。

【实验内容及要求】

实验 2-1　启动 Dev-C++ 开发平台,并以新建方式,建立文件名为 E0201.cpp 的源程序文件。

在 Dev-C++ 的菜单中选择"文件"→"新建"→"源代码"命令,将在编辑区产生一个"未命名 1"的文件。

在文件中按以下内容输入程序代码,在程序编辑中,建议只使用键盘,这样效率更高,特别是熟悉键盘上的 Home 键、End 键、PgUp 键、PgDn 键、Tab 键、Delete 键和 Backspace 键等,以及切换插入、改写状态等 Dev-C++ 的快捷控制键。

```
#include<iostream>
using namespace std;          //以上 2 行以后将是 C++程序的固定形式
int main(void)                //程序入口,也是固定格式
{
    cout<<"Hello World!";     //输出字符串
    return 0;                 //程序结束,也是固定格式
}
```

单击快捷工具栏上的"保存"按钮,弹出如图 2-1 所示的"保存为"对话框,可输入保存文件路径、文件名、保存类型。这里只修改文件名为 E0201 即可。注意,前 4 行(包含花括号)是以后所有的程序设计所需要的,实验 2-3 将用此程序做基础(模板)来开发其他程序。

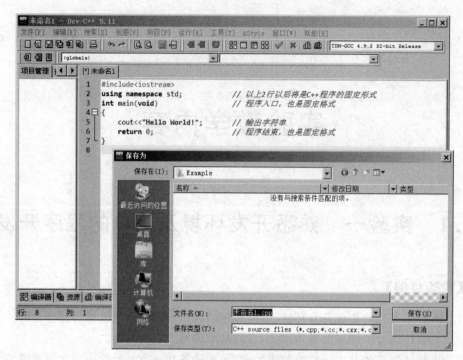

图 2-1　新建文件保存对话框

单击快捷工具栏的"编译且运行"按钮编译该源程序,运行界面如图 2-2 所示。

图 2-2　实验 2-1 编译运行界面

如不能正常进行编译、运行,需要检查右上角编译软件选择是否与计算机操作系统相匹配,如图 2-3 所示。

图 2-3　Dev-C++ 集成开发环境中编译软件的选择

实验 2-2　修改 E0201.cpp 文件，另存为 E0202.cpp。

自己设计修改该程序，使程序运行显示自己的姓名。

实验 2-3　在操作系统的文件夹中直接双击 E0201.cpp 文件，打开 Dev-c++，在此程序基础上进行修改，开发其他的程序。

将 E0201.cpp 修改为如下代码，另存为 E0203.cpp，编译并运行程序。

```
#include<iostream>
using namespace std;        //此行前可能加上其他的包括文件
int main(void)
{                           //以上 4 行,以后将一直保留
    int a,b;
    a=10,b=23;
    c=a+b;
    cout<<"a+b=";
    cout<<c;
    cout<<"\n";
    return 0;               //此行以下 2 行也是固定使用的
}
```

然后编译程序，观察编译情况。如果有错误，请修改源程序。

重新编译并运行程序。程序的运行结果是什么呢？

再将程序代码中的 3 条 cout 输出语句合并为一条 cout 输出语句，重新编译、连接、运行，对比结果。

实验 2-4　尝试分别通过"文件"菜单、快捷工具栏、右击标签栏快捷菜单来关闭编辑的源程序。

实验 2-5　编程：输出多个字符的 ASCII 码、字符。

实验 2-6　编程：输入 3 个无符号整数，判断其是否可以作为三角形的三条边来构成三角形。

【部分实验程序代码】

1. 实验 2-5 的参考源程序代码如下：

```cpp
#include<iostream>
using namespace std;
int main(void)
{
    char c1='a',c2='b',c3='c',c4='\101',c5='\106',c6;
    c6=c5+1;
    cout<<c1<<", "<<c2<<", "<<c3<<endl;
    cout<<"12345678901234567890\n";
    cout<<c3<<", "<<c4<<", "<<c6<<endl;
    cout<<(int)c3<<", "<<(int)c4<<", "<<(int)c6<<endl;
    return 0;
}
```

该程序的运行结果如图 2-4 所示。

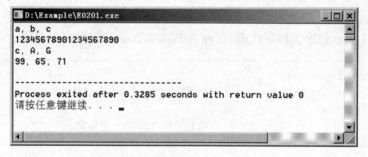

图 2-4   实验 2-5 运行结果

2. 实验 2-6 的参考源程序代码如下：

```cpp
#include<iostream>
using namespace std;
int main(void)
{
    unsigned a,b,c;
    char yes_no;
    cout<<"Please input 3 unsigned integers : ";
    cin>>a>>b>>c;          //以空格、Tab 键或 Enter 键分隔各输入项,
                           //最后以 Enter 键结束输入
    yes_no=((a+b)>c&&(a+c)>b&&(b+c)>a)? 'Y':'N';
    cout<<"a、b、c 能否构成三角形: ";
    cout<<yes_no<<endl;
    return 0;
}
```

编辑、调试课本相关章节的例子程序。

【课后作业】

结合本次实验，自己总结一种使用 Dev-C++ 进行程序开发的操作方法，并熟练掌握。

2.2 实验二 选择结构的程序设计

【实验目的】

1. 掌握结构化算法的 3 种基本控制结构之一：选择结构。

2. 掌握选择结构在 C 语言中的实现方法，并针对不同的问题选择恰当的选择结构语句（if 语句、switch 语句和 break 语句）进行编程。

【实验内容及要求】

实验 2-7 编程：输入一个实数，不使用绝对值库函数，自己编程输出其绝对值。

实验 2-8 运用 if 语句编写程序：输入三个数，然后降序输出这三个数。

实验 2-9 运用 switch 语句编写程序：根据下面的规则将输入的百分制分数（score，$0 \leqslant score \leqslant 100$）转换为相应的等级（rank）输出：

$$rank = \begin{cases} 优 & 90 \leqslant score \\ 良 & 80 \leqslant score < 90 \\ 中 & 70 \leqslant score < 80 \\ 及格 & 60 \leqslant score < 70 \\ 不及格 & score < 60 \end{cases}$$

实验 2-10 用 if-else if 语句编程解决实验 2-9 的问题。

【部分实验程序代码】

1. 实验 2-7 的参考源程序代码如下。

参考源程序代码一：

```
#include<iostream>
using namespace std;
int main(void)
{
    double d;
    cout<<"input a data : ";        //提示输入
    cin>>d;
    if(d<0)
        d=-d;
```

```
    cout<<d;
    return 0;
}
```

参考源程序代码二：

```
#include<iostream>
using namespace std;
int main(void)
{
    double d;
    cout<<"input a data : ";            //提示输入
    cin>>d;
    d=d>0? d:-d;
    cout<<d;
    return 0;
}
```

2. 实验 2-8 的参考源程序代码如下：

```
#include<iostream>
using namespace std;
int main(void)
{
    double a,b,c,m;                //m 是用于两个变量交换值的中间变量
    cout<<"input3 data : ";        //提示输入
    cin>>a>>b>>c;
    if(a<b)
    {
        m=a;
        a=b;
        b=m;
    }
    if(a<c)                        //c 最大,降序顺序为：c,a,b
        cout<<endl<<c<<", "<<a<<", "<<b;
    else if(b>c)                   //a 最大,c 最小,降序顺序为：a,b,c
        cout<<endl<<a<<", "<<b<<", "<<c;
    else                           //a 最大,b 最小,降序顺序为：a,c,b
        cout<<endl<<a<<", "<<c<<", "<<b;
    return 0;
}                                  //注意程序中的 else 与 if 的配对关系
```

3. 实验 2-9 的参考源程序代码如下：

```cpp
#include<iostream>
using namespace std;
int main(void)
{
    int score;
    cout<<"输入百分制成绩：";
    cin>>score;
    if(score<0||score>100)
        cout<<"输入的成绩超出范围!";
    else
    {
        switch(score/10)
        {
            case 10:
            case 9:cout<<"优"<<endl; break;
            case 8:cout<<"良"<<endl; break;
            case 7:cout<<"中"<<endl; break;
            case 6:cout<<"及格"<<endl; break;
            default:cout<<"不及格"<<endl;
        }
    }
    return 0;
}
```

4. 实验 2-10 的参考源程序代码如下：

```cpp
#include<iostream>
using namespace std;
int main(void)
{
    int score;
    cout<<"输入百分制成绩：";
    cin>>score;
    if(score<0||score>100)
        cout<<"输入的成绩超出范围!";
    else if(score>=90)cout<<"优";
    else if(score>=80)cout<<"良";
    else if(score>=70)cout<<"中";
    else if(score>=60)cout<<"及格";
    else cout<<"不及格";
    return 0;
}
```

【课后作业】

对 C 语言编程中选择结构的语法及应用进行归纳总结。

2.3 实验三 循环结构的程序设计

【实验目的】

1. 掌握结构化算法的 3 种基本控制结构(顺序结构、选择结构和循环结构)。
2. 掌握循环结构在 C 语言中的实现方法。
3. 掌握控制循环进程的两种方法:计数法和标志法。
4. 掌握穷举算法和迭代与递推算法。

【实验内容及要求】

实验 2-11 编程求累加和:$0+1+2+3+\cdots+m$,m 为输入的非负整数。

分别输入 0 和 100,验证程序。

思考:如果输入 3.1、3.9 或 -2 呢,会出现什么结果? 为什么?

实验 2-12 编程求阶乘:$n!=1\times2\times3\times\cdots\times n$,$n$ 为输入的非负整数。

分别输入 0、3 和 5,验证程序。

思考:如果输入 200 会如何? 为什么?

实验 2-13 编写程序:分别输出如图 2-5 和图 2-6 所示的九九表。

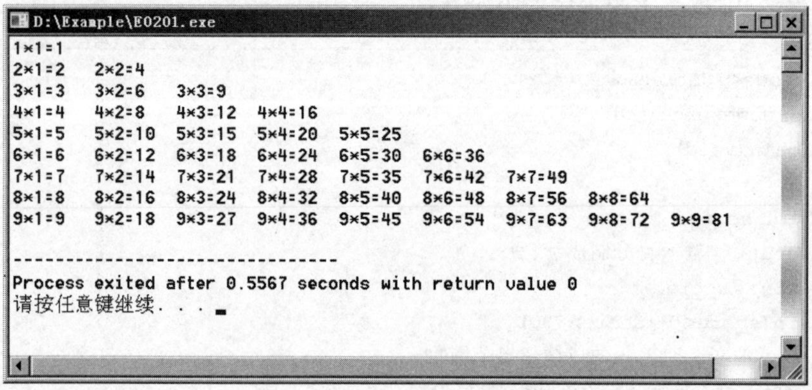

图 2-5 实验 2-13 的运行效果图一

实验 2-14 编写程序:输入一个非负实数 x,根据下面的迭代公式求其平方根,要求误差小于 10^{-6}。

$$y_0 = 1, \quad y_{i+1} = (y_i + x/y_i)/2, \quad \sqrt{x} = \lim_{i\to\infty} y_i$$

分别输入 1、2、4、5、9 和 121 验证。

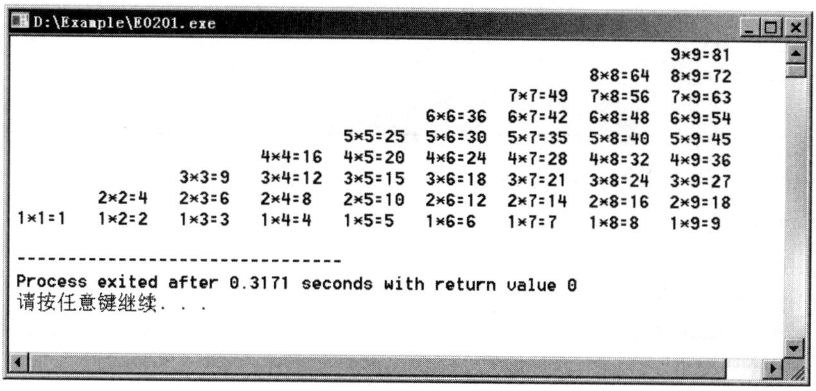

图 2-6　实验 2-13 的运行效果图二

输入 0 时得到的平方根结果是 0 吗？为什么不是？

【部分实验程序代码】

1. 实验 2-11 的参考源程序代码如下：

```cpp
#include<iostream>
using namespace std;
int main(void)
{
    unsigned i,m;
    double sum=0.;        //sum 也可以是 unsigned 类型,但易溢出。都必须赋初值 0
    cout<<"输入一个非负的整数 : ";
    cin>>m;
    for(i=1;i<=m;i++)
        sum+=i;
    cout<<sum;
    return0;
}
```

2. 实验 2-12 的参考源程序代码如下：

```cpp
#include<iostream>
using namespace std;
int main(void)
{
    unsignedi,n;
    double fac=1.;//fac 也可以是 unsigned 类型,但易溢出。都必须赋初值 1
    cout<<"输入一个非负的整数 : ";
    cin>>n;
    for(i=1;i<=n;i++)
        fac*=i;
```

```
        cout<<fac;
        return0;
}
```

3. 实验 2-13 的参考源程序代码如下。

参考源程序代码一：

```
#include<iostream>
using namespace std;
int main(void)
{
    int i,j;
    for(i=1;i<=9;i++)
    {
        for(j=1;j<=i;j++)
            cout<<i<<' * '<<j<<' = '<<i * j<<"\t";
        cout<<endl;
    }
    return 0;
}
```

实验 2-13 的参考源程序代码二：

```
#include<iostream>
using namespace std;
int main(void)
{
    int i,j;
    for(i=9;i>=1;i--)
    {
        for(j=1;j<i;j++)
            cout<<"\t";
        for(j=i;j<=9;j++)
            cout<<i<<' * '<<j<<' = '<<i * j<<"\t";
        cout<<endl;
    }
    return 0;
}
```

4. 实验 2-14 的参考源程序代码如下：

```
#include<iostream>
#include<math.h>        //因为要使用绝对值函数
```

```
using namespace std;
int main(void)
{
    doublex,y1=1.,y2,e;
    cout<<"输入一个非负的实数：";
    cin>>x;
    if(x<0)
        y1=-1.;
    else
        do
        {
            y2=(y1+x/y1)/2;        //迭代
            e=fabs(y1-y2);         //迭代误差,注意绝对值函数不能掉
            y1=y2;
        }while(e>=1e-6);
    cout<<y1;
}
```

【课后作业】

对 C 语言编程中循环结构的语法及应用进行归纳总结。

2.4　实验四　函数的编程及应用

【实验目的】

1. 掌握 C 语言的函数定义、函数声明与函数调用。
2. 掌握递归函数,并比较递归算法与迭代(递推)算法。

【实验内容及要求】

实验 2-15　编写函数求阶乘：$f(n)＝n!＝1×2×3×\cdots×n$,n 为非负整数参数。

实验 2-16　编写函数判断一个数是否为质数,然后在主程序中输入一个正整数,输出它的最大质因数。

实验 2-17　编写递归函数求阶乘：$f(n)＝n!＝1×2×3×\cdots×n$,n 为非负整数参数。

实验 2-18　编写函数：根据参数 year、month 和 day 显示是星期几。
输入今天的日期验证。

【部分实验程序代码】

1. 实验 2 15 的参考源程序代码如下：

```cpp
#include<iostream>
using namespace std;
double f(unsigned);          //函数声明
int main(void)
{
    unsignedn;
    double fac;
    cout<<"输入一个非负的整数 : ";
    cin>>n;
    fac=f(n);
    cout<<fac;
    return0;
}
double f(unsigned n)         //函数定义
{
    unsigned i;
    double fac=1.;           //fac 必须赋初值 1
    for(i=2;i<=n;i++)
        fac*=i;
    return fac;
}
```

2. 实验 2-16 的参考源程序代码如下：

```cpp
#include<iostream>
#include<math.h>            //因为要使用平方根函数
using namespace std;
int judge(unsigned);        //函数声明
int main(void)
{
    unsigned i,n;
    cout<<"输入一个正整数 : ";
    cin>>n;
    for(i=n/2;i>0;i--)      //从该数的一半开始向下尝试
        if(n%i==0&&judge(i)==1)
        {
            cout<<i;
            break;
        }
    return 0;
}
int judge(unsigned m)
```

```
{
    int i,r=1,d=sqrt(m)+0.01;
    if(m>=4&&m%2==0)
        r=0;
    else
        for(i=3;i<=d;i+=2)
            if(m%i==0)
                {r=0;break;}
    return r;
}//本方法只试除到 m 的平方根,且先排除了偶数,效率高
```

3. 实验 2-17 的参考源程序代码如下：

```
#include<iostream>
using namespace std;
double f(unsigned);            //函数声明
int main(void)
{
    unsignedn;
    cout<<"输入一个非负的整数 : ";
    cin>>n;
    cout<<f(n);
    return0;
}
double f(unsigned n)           //函数定义
{
    unsigned i;
    double y;
    if(n==0)
        y=1;                   //递归结束条件
    else
        y=n * f(n-1);
        return y;              //递归调用
}
```

4. 实验 2-18 的参考源程序代码如下：

```
#include<iostream>
#include<math.h>
using namespace std;
void weekday(int,int,int);          //函数声明
int main(void)
{
    unsigned y,m,d;
    cout<<"\nInput year, month, day : ";
    cin>>y>>m>>d;
```

```
        if(m<0||m>12||d<0||d>31||(m==4||m==6||m==9||m==11)&&d==31||
            m==2&&d>29||m==2&&d==29&&!(y%4==0&&y%100!=0||y%400==0))
            cout<<"\n\n\tInput Data Error !";
        else
            weekday(y,m,d);
        return0;
}
void weekday(int y,int m,int d)
{
    char wd[]="日一二三四五六";
    int yr,dd,i,wkday;
    yr=(int)((ceil)(y/4.)-(ceil)(y/100.)+(ceil)(y/400.));
                                        //-1.12.31.~y.1.1.闰年数

    dd=y*365+yr;
    for(i=1;i<m;i++)
    {
        switch(i)
        {
            case 1:
            case 3:
            case 5:
            case 7:
            case 8:
            case 10:
            case 12:dd+=31;break;              //大月
            case 4:
            case 6:
            case 9:
            case 11:dd+=30;break;              //小月
            default:
                if(y%4==0&&y%100!=0||y%400==0) dd+=29;
                else dd+=28;
        }
    }
    dd+=d+5;                           //-1年12月31日是星期五
    wkday=(dd%7+7)%7*2;
    printf("\n\n\t公元%d年%d月%d日是星期%c%c。",y,m,d,wd[wkday],wd[wkday
        +1]);
    //或 cout<<"\n\n\t公元"<<y<<"年"<<m<<"月"<<d<<"日是星期"<<
    //wd[wkday]<<wd[wkday+1];
}
```

【课后作业】

对 C 语言中函数的特点和使用方法进行归纳总结。

2.5 实验五 数组的应用

【实验目的】

1. 掌握数组的定义和使用方法。
2. 掌握字符数组处理字符串的方法。
3. 掌握交换排序法、选择排序法和冒泡排序法及折半查找法。

【实验内容及要求】

实验 2-19 编写程序：输入 5 个同学的分数，求平均分，并输出 5 人分数。

实验 2-20 编写函数：返回一个二维数组中元素的最大值。

实验 2-21 编写程序：统计一个字符串中的英文单词个数。

实验 2-22 编写程序：输入 5 个同学的分数，降序输出这 5 人分数。

实验 2-23 编写对分搜索函数：在一个已降序排序的整型数组中，查找是否存在某个整数？是第几个？

【部分实验程序代码】

1. 实验 2-19 的参考源程序代码如下：

```
#include<iostream>
using namespace std;
int main(void)
{
    unsignedi,score[5],sum=0;
    cout<<"输入 5 个非负的整数 : ";
    for(i=0;i<5;i++)
    {
        cin>>score[i];
        sum+=score[i];
    }
    cout<<sum/5.<<endl;
    for(i=0;i<5;i++)
        cout<<score[i]<<", ";
    return0;
}
```

2. 实验 2-20 的参考源程序代码如下：

```
#include<iostream>
#define N 5
```

```
using namespace std;
double f(double d[][N],int);//函数声明
int main(void)
{
    double d[][N]={{1,12,3,4,5},{-1,-2,-3,0,-6}};
    cout<<f(d,2);
    return0;
}
double f(double d[][N],int n)//函数定义
{
    int i,j;
    double max=d[0][0];
    for(i=0;i<n;i++)
        for(j=0;j<N;j++)
            if(d[i][j]>max)
                max=d[i][j];
    return max;
}
```

3. 实验 2-21 的参考源程序代码如下：

```
#include<iostream>
using namespace std;
int main(void)
{
    char ch[100], * p;
    int sign=0,count=0;          //sign 标记是否单词状态
    cout<<"input a string : ";
    gets(ch);
    p=ch;
    while(* p!='\0')
    {
        if(sign==0&&* p!=' ')
        {
            sign=1;
            count++;
        }
        else if(* p==' ')
            sign=0;
        p++;
    }
    cout<<count;
    return 0;
}
```

4. 实验 2-22 的参考源程序代码如下：

```cpp
#include<iostream>
#define N 5
using namespace std;
void sortExchange(int a[],int n);    //交换排序法,函数声明
void sortSelect(int a[],int n);      //选择排序法,函数声明
void sortBubble(int a[],int n);      //冒泡排序法,函数声明
int main(void)
{
    int i;
    int score[N];
    cout<<"input 5 scores : ";
    for(i=0;i<N;i++)
        cin>>score[i];
    sortExchange(score,N);           //函数调用
        //sortSelect(score,N);       //调用其他排序法
        //sortBubble(score,N);
    for(i=0;i<N;i++)
        cout<<score[i]<<", ";
    return0;
}
void sortExchange(int a[],int n)     //对数组 a 的 n 个元素进行降序排序
{
    int i,j,m;
    for(i=0;i<n-1;i++)               //依次找出 n-1 个最大数、次大数……
        for(j=i+1;j<n;j++)           //j 是 a[i]后面的所有元素的下标
            if(a[i]<a[j])            //若后面大则交换,以使 a[i]始终比其后面的元素大
            {   m=a[i];
                a[i]=a[j];
                a[j]=m;
            }
}
void sortSelect(int a[],int n)       //对数组 a 的 n 个元素进行降序排序
{   int i,j,k,m;                     //变量 k 表示最大数的下标
    for(i=0;i<n-1;i++)               //依次找出 n-1 个最大数、次大数……
    {   k=i;                         //先假设第一个最大
        for(j=i+1;j<n;j++)           //j 是 a[i]后面的所有元素的下标
            if(a[k]<a[j])            //若后面大则修改 k,使 k 始终是其后最大数的下标
                k=j;                 //记下新的下标到 k
        m=a[i];a[i]=a[k];a[k]=m;     //将第一个与选择的最大数的元素交换
    }
}
```

```
void sortBubble(int a[],int n)        //对数组 a 的 n 个元素进行降序排序
{   int i,j,sign,m;                   //sign 表示是否有交换
        for(i=0;i<n-1;i++)            //通过"冒泡"依次找出 n-1 个最大数、次大数……
    {   sign=0;
        for(j=n-1;j>i;j--)            //j 是从后向前"冒泡"的元素下标
            if(a[j]>a[j-1])           //若后面大则交换,以使相邻两个元素始终前面的大
                { m=a[j];
                  a[j]=a[j-1];
                  a[j-1]=m;
                  sign=1;
                }
        if(sign==0)                   //没有交换则提前结束
            break;
    }
}
```

5. 实验 2-23 的参考源程序代码如下:

```
#include<iostream>
#define N 10
using namespace std;
int biSearch(int a[],int n,int x);        //对分搜索,函数声明
int main(void)
{
    int x,result;
    int d[N]={-7,0,2,5,8,54,111,120,300,500};
    cout<<"input searched data : ";
    cin>>x;
    result=biSearch(d,N,x);               //函数调用
    cout<<result;
    return0;
}
int biSearch(int a[], int n, int x)
{
    int low,high,mid,find=-1;             //find=-1 表示未找到
    low=0;high=n-1;
    while(low<=high)
    {
        mid=(low+high)/2;
        if(x<a[mid]) high=mid-1;
        else if(x>a[mid]) low=mid+1;
        else
        {
```

```
            find=mid;
            break;
        }
    }
    return find;
}
```

【课后作业】

对 C 语言中数组的特点及应用进行归纳总结。

2.6 实验六 指针及结构体的应用

【实验目的】

1. 掌握指针的概念,会定义和使用指针变量。
2. 掌握数组与指针、指针与函数之间的关系。
3. 能正确使用指针处理相关问题。

【实验内容及要求】

实验 2-24 编写函数:使用指针作参数,实现两个参数值的交换并返回结果。

实验 2-25 编写函数:判断一个字符串是不是"回文"字符串(串前后对称)。

实验 2-26 编程:用指针数组存储月份的英文名称,根据输入月份数字显示英文月份名。

实验 2-27 编程:定义结构体,存储学生姓名、分数、出生年月日,输入 5 个学生的信息,按分数降序输出信息。

【部分实验程序代码】

1. 实验 2-24 的参考源程序代码如下:

```
#include<iostream>
using namespace std;
void swap(double * ,double * );          //函数声明,参数是 2 个 double 型指针
int main(void)
{
    double a,b;
    cout<<"Input 2 data : ";
    cin>>a>>b;
    swap(&a,&b);
```

```
        cout<<a<<", "<<b;
        return 0;
}
void swap(double * p1,double * p2)          //函数定义
{
        double m;
        m= * p1;
        * p1= * p2;
        * p2=m;
}
```

2. 实验 2-25 的参考源程序代码如下：

```
#include<iostream>
using namespace std;
int judge(char * );          //函数声明,参数是 1 个字符指针,返回值是结果
int main(void)
{
        char c[100];
        int result;
        cout<<"Input a string : ";
        gets(c);
        result=judge(c);
        if(result)
            cout<<"Yes";
        else
            cout<<"No";
        return 0;
}
int judge(char * p)          //函数定义
{
        char * p2=p;          //定义另一个字符指针,移到字符串尾
        while(* p2!='\0')
            p2++;
        p2--;
        while(p<p2)          //比较字符串的头和尾
            if(* p== * p2)
            {
                p++;
                p2--;
            }
```

```
        else
            return 0;            //如果不相等,就不是"回文"字符串
    return 1;                    //一直相等
}
```

3. 实验 2-26 的参考源程序代码如下:

```
#include<iostream>
using namespace std;
int main(void)
{
    int month;
    const char * (p[12])={"January","February","March","April",
                "May","June","July","August","September",
                "October","November","December"};
                // 定义一个指针数组,12 个元素,分别指向一个字符串
    cout<<"Input month : ";
    cin>>month;
    if(month<1||month>12)
        cout<<"Data Error !";
    else
        cout<<p[month-1];

    return 0;
}
```

4. 实验 2-27 的参考源程序代码如下:

```
#include<iostream>
#define N 5
using namespace std;
typedef struct date
{
    int year;
    int month;
    int day;
} DATE;
typedef struct student        //声明结构体类型
{
    char name[20];
    DATE birthdate;
```

```cpp
        unsigned score;
}STUDENT;
void swapStruct(STUDENT * ,STUDENT * );        //声明函数
int main(void)
{
    int i,j;
    STUDENT stu[N];
    cout<<"please input 5 students' information : \n";
    for(i=0;i<N;i++)                          //通过交互,输入信息
    {
        fflush(stdin);
        cout<<" No. "<<i+1<<endl;
        cout<<" Name : ";
        gets(stu[i].name);
        cout<<" Birthday (year month day) : ";
        cin>>stu[i].birthdate.year>>stu[i].birthdate.month
            >>stu[i].birthdate.day;
        cout<<" Score : ";
        cin>>stu[i].score;
    }
    for(i=0;i<N-1;i++)                        //交换排序
        for(j=i+1;j<N;j++)
            if(stu[i].score<stu[j].score)
                swapStruct(stu+i,stu+j);
    for(i=0;i<N;i++)                          //输出结果
    cout<<"\n No "<<i+1<<", "<<stu[i].name<<",\t"
        <<stu[i].birthdate.year<<"."<<stu[i].birthdate.month
        <<"."<<stu[i].birthdate.day<<",\t"<<stu[i].score;
    return 0;
}
void swapStruct(STUDENT * p1,STUDENT * p2)  //函数定义
{
    STUDENT m;
    m= * p1;                                 //相同类型的结构体变量间可以直接赋值
    * p1= * p2;
    * p2=m;
}
```

　　运行程序,输入 5 人信息,如图 2-7 上半部分所示,排序后输出如图 2-7 下半部分所示。

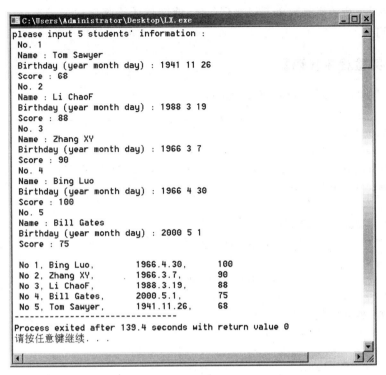

图 2-7 实验 2-27 的运行结果

【课后作业】

分析指针与变量、数组的联系与区别。

2.7 实验七 文件的操作

【实验目的】

1. 了解文件和文件指针的概念。
2. 能正确使用基本的文件处理函数实现文件的基本操作。
3. 了解随机数的产生、日期和时间的获取。

【实验内容及要求】

实验 2-28 编写函数：复制一个文本文件，参数是 2 个字符指针，表示源文件名和目标文件名，源文件名、目标文件名均为输入字符串。

实验 2-29 编程：依次产生 3 个随机整数，将这 3 个整数、当前日期和时间按整数降序保存到记录文件。

实验 2-30 编程：读取实验 2-29 的记录文件，显示记录。新产生一个随机整数，将当前日期、时间、新随机整数更新保存到文件，使文件始终降序记录最大的 3 个整数及产生日期、时间。

【部分实验程序代码】

1. 实验 2-28 的参考源程序代码如下：

```cpp
#include<iostream>
using namespace std;
int MyCopy(char * ,char * );                    //函数声明
int main(void)
{
    char f1[100],f2[100];
    cout<<"Input source file name : ";
    gets(f1);
    cout<<"Input destination file name : ";
    gets(f2);
    if(MyCopy(f1,f2))
        cout<<"Success";
    else
        cout<<"Fail";
    return 0;
}
int MyCopy(char * f1,char * f2)
{
    char m;
    FILE * fp1,* fp2;
    if((fp1=fopen(f1,"rb"))==NULL)               //以只读模式打开
    {
        cout<<"Failure to open "<<f1;
        exit(1);
    }
    if((fp2=fopen(f2,"wb"))==NULL)               //以写文件模式打开
    {
        cout<<"Failure to open "<<f2;
        exit(1);
    }
    m=fgetc(fp1);                                //思考为什么？
    while(!feof(fp1))
    {
        fputc(m,fp2);
        m=fgetc(fp1);
    }
```

```
        fclose(fp1);              //关闭文件
        fclose(fp2);
        return 1;
}
```

2. 实验 2-29 的参考源程序代码如下：

```
#include<iostream>
#include<time.h>
#include<stdlib.h>
#define N 3
using namespace std;
void sortSelect(int a[],int n);          //对数组 a 的 n 个元素进行降序排序
int main(void)
{                                         //先产生随机数
    int i,a[N];
    srand((unsigned)time(NULL));          //必须先调用设定随机种子函数
    cout<<"\n\t 随机数: \t";
    for(i=0;i<N;i++)
    {
        a[i]=rand();                      //产生 0～32767 的随机整数
        cout<<a[i]<<", ";
    }
    sortSelect(a,N);                      //降序排序

    time_t nowTime;
    struct tm * sysTime;
    time(&nowTime);                       //获取当前系统时间长整型
    sysTime=localtime(&nowTime);          //转换为日期时间结构体
    cout<<"\n\n\t 系统日期: \t"<<1900+sysTime->tm_year
    <<'-'<<sysTime->tm_mon+1<<'-'<<sysTime->tm_mday<<' '
    <<sysTime->tm_hour<<':'<<sysTime->tm_min<<':'<<sysTime->tm_sec;
                                          //显示日期、时间
    FILE * fp;
    if((fp=fopen("record.dat","wb"))==NULL)       //以写文件模式打开
    {
        cout<<"Failure to open file.";
        exit(1);
    }
    for(i=0;i<N;i++)
    {
        fwrite(a+i,sizeof(int),1,fp);             //写 1 个整型: 随机数
        fwrite(sysTime,sizeof(tm),1,fp);          //写结构体: 日期时间
    }
```

```
    fclose(fp);
    //--------------------------------验证：读文件,显示
    if((fp=fopen("record.dat","rb"))==NULL)        //以只读模式打开
    {
        cout<<"Failure to open file.";
        exit(1);
    }
    cout<<endl;
    fread(&i,sizeof(int),1,fp);
    fread(sysTime,sizeof(tm),1,fp);
    while(!feof(fp))
    {
        cout<<endl<<i<<", \t"<<1900+sysTime->tm_year
        <<'-'<<sysTime->tm_mon+1<<'-'<<sysTime->tm_mday<<' '
        <<sysTime->tm_hour<<':'<<sysTime->tm_min
        <<':'<<sysTime->tm_sec;                    //显示
        fread(&i,sizeof(int),1,fp);
        fread(sysTime,sizeof(tm),1,fp);
    }
    fclose(fp);
    return 0;
}
void sortSelect(int a[],int n)        //对数组 a 的 n 个元素进行降序排序
{   int i,j,k,m;                       //变量 k 表示最大数的下标
    for(i=0;i<n-1;i++)                 //依次找出 n-1 个最大数、次大数……
    {   k=i;                           //先假设第一个最大
        for(j=i+1;j<n;j++)             //j 是 a[i]后面的所有元素的下标
            if(a[k]<a[j])              //若后面大则修改 k,使 k 始终是其后最大数的下标
                k=j;                   //记下新的下标到 k
        m=a[i];a[i]=a[k];a[k]=m;       //将第一个与选择的最大数的元素交换
    }
}
```

3. 实验 2-30 的参考源程序代码如下：

```
#include<iostream>
#include<time.h>
#include<stdlib.h>
#define N 3
using namespace std;
int main(void)
{
```

```
        int i,a[N],d;
        srand((unsigned)time(NULL));                //必须先调用设定随机种子函数
        d=rand();                                    //产生 0~32767 的随机整数
        cout<<d<<endl;
        time_t nowTime;
        struct tm * sysTime;
        struct tm t[N];                              //用于保存读文件的数据
        time(&nowTime);                              //获取当前系统日期长整型
        sysTime=localtime(&nowTime);                 //转换为结构体日期时间
//----------------------------------读文件
    FILE * fp;
    if((fp=fopen("record.dat","rb+"))==NULL)   //以读写模式打开文件
    {
        cout<<"Failure to open file.";
        exit(1);
    }
    for(i=0;i<N;i++)
    {
        fread(a+i,sizeof(int),1,fp);
        fread(t+i,sizeof(tm),1,fp);
        cout<<endl<<a[i]<<", \t"<<1900+(t+i)->tm_year<<'-'
        <<(t+i)->tm_mon+1<<'-'<<(t+i)->tm_mday<<' '<<(t+i)->tm_hour
        <<':'<<(t+i)->tm_min<<':'<<(t+i)->tm_sec;       //显示
    }
    int sign=0;          //判断是否需要插入新的数据
    if(d>a[N-1])
    {
        for(i=N-2;i>=0;i--)
        {
            if(d<a[i])
            {
                a[i+1]=d;
                t[i+1]= * sysTime;
                break;
            }
            a[i+1]=a[i];
            t[i+1]=t[i];
        }
        a[i+1]=d;
        t[i+1]= * sysTime;
        sign=1;
    }
```

```
    if(sign)
    {
        rewind(fp);
        for(i=0;i<N;i++)
        {
            fwrite(a+i,sizeof(int),1,fp);           //写1个整型数据
            fwrite(t+i,sizeof(tm),1,fp);            //写结构体日期时间
        }
    }
    fclose(fp);
//--------------------------------验证读文件显示
    if((fp=fopen("record.dat","rb"))==NULL)         //以只读模式打开文件
    {
        cout<<"Failure to open file.";
        exit(1);
    }
    cout<<endl<<endl;
    for(i=0;i<N;i++)
    {
        fread(a+i,sizeof(int),1,fp);
        fread(t+i,sizeof(tm),1,fp);
        cout<<endl<<a[i]<<", \t"<<1900+(t+i)->tm_year<<'-'
        <<(t+i)->tm_mon+1<<'-'<<(t+i)->tm_mday<<' '<<(t+i)->tm_hour
        <<':'<<(t+i)->tm_min<<':'<<(t+i)->tm_sec;   //显示
    }
    fclose(fp);
    return 0;
}
```

运行程序,结果如图2-8所示。

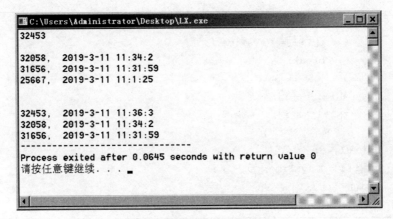

图 2-8　实验 2-30 的运行结果

【课后作业】

对 C 语言的文件操作方法进行归纳总结。

2.8　实验八　综合实验：开发游戏程序

实验八和实验九可选做一个，可以结合课外时间自主完成。

【实验目的】

1. 了解模块化程序设计的基本方法。
2. 掌握复杂程序设计的方法和程序调试方法。
3. 掌握程序流程图的使用。

【实验内容及要求】

实验 **2-31**

（1）设计游戏程序，该游戏程序的内容参见主教材《程序设计基础》第 12 章的例 12.21。

程序的一次运行结果如图 2-9 所示。

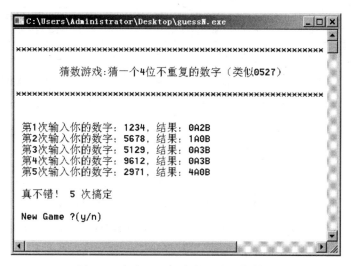

图 2-9　实验 2-31 程序的一次运行结果

（2）进行总体设计：将任务实现划分为多个模块，为每个模块设计流程图。

（3）编程，调试。

【分析及程序代码】

程序的详细分析，各模块设计可参考主教材中的例 12.21。

该程序本身逻辑并不复杂,但玩该游戏需要严密的逻辑推理。读者可以尝试编程让计算机来玩该游戏。

2.9 实验九 综合实验:打印英文年历

【实验目的】

1. 了解模块化程序设计的基本方法。
2. 了解多文件结构的组织管理方法。
3. 了解 Visual C++ 集成开发环境,了解 C 语言的格式化输入输出函数。
4. 设计实现一个"打印英文年历"的综合程序。

【实验内容及要求】

实验 2-32 打印英文年历。

(1) 根据模块化程序设计的基本思想,将"打印英文年历"的程序分解为若干个函数,函数的组成及其相互关系如图 2-10 所示。

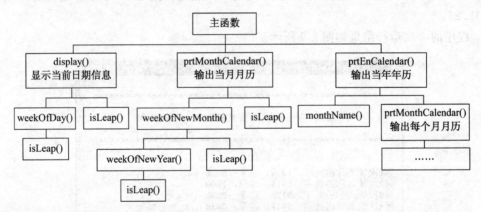

图 2-10 "打印英文年历"的程序结构

(2) 以多文件结构的组织管理方式建立"打印英文年历"程序。

一个应用程序可以划分为多个源程序文件,最基本的可以划分为 3 个文件:

① 函数声明文件(＊.h 文件);
② 功能模块的函数定义文件(＊.c 文件);
③ 控制模块的函数定义文件[main(void)函数所在的 ＊.c 文件]。

本实验的"打印英文年历"程序由 3 个文件组成:Ex_Date.h(函数声明文件)、Ex_Date.c(函数定义文件)和 Ex_main.c。这 3 个源程序文件之间的关系及最后形成一个可执行文件的过程(编译、连接的过程),如图 2-11 所示。

从图 2-11 中可以看到,首先是在两个.c 源程序文件中都增加了一个 ＃include"Ex_Date.h"的文件包含预编译命令,将函数声明文件包含进来;然后将这两个.c 文件单独进

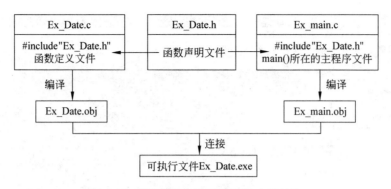

图 2-11 "打印英文年历"程序的文件结构

行编译并生成相应的二进制目标文件.obj;最后把目标文件连接起来生成可执行文件。

编译是以文件为单位进行的。采用这种多文件的组织结构,可以对不同的源程序文件单独进行编写和编译,最后再连接。在程序的调试、修改过程中,只需要对修改过的文件重新编译,再进行连接即可,不用考虑其余的文件。而且连接的文件只需要编译后的二进制目标文件,这对于源程序代码文件的原始作者来说,可以只提供目标文件给用户,从而起到源代码保密的作用。

这种多文件结构的具体组织管理方式,在不同的开发环境中会有所不同。在 Visual C++ 开发系统中,使用工程来进行多文件管理,在一个工程中可以建立新文件,也可以将相关的文件添加进来,并进行编译和连接。

(3) 在 monthName() 和 display() 函数中利用 static 修饰英文月份的指针数组和中文星期的指针数组,从而达到优化系统算法的作用(注意理解 static 修饰的意义)。

【具体步骤】

(以下操作步骤中的操作细节和具体方法请参见第 1 章"C/C++ 开发平台介绍"1.2 节对 Visual C++ 6.0 开发环境的介绍及程序调试方法)

(1) 启动 VC 6.0 后,进入集成开发环境。

(2) 新建一个工程,工程类型 Win32 Console Application(控制台程序),工程名 Ex_Date,存放工程的上一级文件夹为 D:\EXAMPLE。

(3) 分别建立源程序文件:Ex_Date.h(函数声明文件)、Ex_Date.c(函数定义文件)和 Ex_main.c。

若某个源程序文件已经提前建立,则可将已存在的文件添加到当前工程中,方法如下。

如图 2-12 所示,在工程工作空间窗口的 FileView 文件视图面板中,将鼠标指向该视图面板的 Ex_Date files 项并右击打开快捷菜单,选择"添加文件到工程(F)"命令,打开"插入文件到工程"对话框,如图 2-13 所示,然后在该对话框中选定要插入到工程中的文件,接着单击"确定"按钮,返回主窗口。这样,就可以把已经提前建立的文件添加到当前工程中了。需要说明的是,将已有文件添加到当前工程中,只是工程文件的一种管理操作,并没有文件的建立、复制等操作,不改变文件原来的实际存放位置。

图 2-12　添加文件到工程

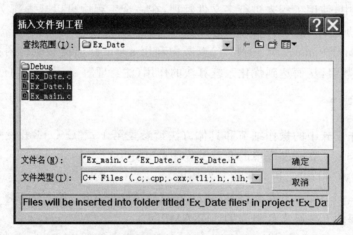

图 2-13　"插入文件到工程"对话框

（4）执行"文件"→"保存工作空间"命令，将工作空间的定义和工程中所包含文件的所有信息保存到 Ex_Date.dsw 文件中。这样，在关闭工作空间或退出 VC 6.0 以后，可以通过工作空间文件 Ex_Date.dsw 重新打开工作空间，继续已有工程的操作。

（5）编译→连接→运行（调试）。

首先分别对 Ex_Date.c 和 Ex_main.c 文件单独进行编译并生成相应的二进制目标文件.obj；若编译通过，再进行连接操作生成可执行文件 Ex_Date.exe；然后运行程序。如果程序运行不能得到预想的结果，则需要进行分析、调试，直到程序正确为止。

【参考代码】

程序由如下 3 个文件组成。

(1) Ex_Date.h 函数声明文件。

```
/* ------------       Ex_Date.h 函数声明文件      -------------- */
int isLeap(int year);                          //判断闰年,闰年则返回 1 否则为 0
int weekOfDay(int year,int month,int day);     //求某个日期是星期几
int weekOfNewYear(int year);                   //求某年元旦是星期几
int weekOfNewMonth(int year,int month);        //求某年某月 1 日是星期几
void display(int year,int month,int day);      //输出显示某日的日期信息
char * monthName(int n);                       //将月份数值转换为相应的英文名称
void prtMonthCalendar(int year,int month);     //打印月历
void prtEnCalendar(int year);                  //打印英文月份名称日历(年历)
```

(2) Ex_main.c 主程序文件。

```
/* -----------       Ex_main.c 主程序文件      -------------- */
#include<stdio.h>
#include "Ex_Date.h"
//主函数(程序执行的入口)
int main(void)
{
    int year,month,day;
    printf("Please input year,month,day:\n");
    scanf("%d%d%d",&year,&month,&day);
        //从键盘分别输入年、月、日数据,中间用空格、Tab 符或回车符分隔
    printf("今天是: ");
    display(year,month,day);//显示日期信息
    printf("\n 输出本月月历:\n");
    prtMonthCalendar(year,month);
    printf("\n 输出本年年历: \n");
    prtEnCalendar(year);
    return 0;
}
```

(3) Ex_Date.c 功能函数定义文件。

```
/* ------------       Ex_Date.c 功能函数定义文件      ---------- */
#include<stdio.h>
#include "Ex_Date.h"
//---------------判断闰年函数--------------------
int isLeap(int year)
```

```
{   return (year%4==0&&year%100!=0||year%400==0);   }
//--------求某个日期是星期几函数(1900.1.1为星期一)--------
int weekOfDay(int year,int month,int day)
{
    int i;
    int sumDays=0;                //1900年至今的总天数
    int daysOfMonth[12]={31,28,31,30,31,30,31,31,30,31,30,31};
                                  //平年每月的天数
    sumDays=sumDays+day;          //将当月的天数加入到sumDays中
            //将当年元旦到当月以前月份的天数加入到sumDays中
    for(i=1;i<month;i++)
    {
        sumDays=sumDays+daysOfMonth[i-1];
        if(i==2&&isLeap(year)) sumDays=sumDays+1;
    }
    //将当年以前年份的天数加入到sumDays中
    for(i=1900;i<year;i++)
    {
        sumDays=sumDays+365;
        if(isLeap(i)) sumDays=sumDays+1;
    }
    return sumDays%7;
}
//-------求某年元旦是星期几函数----------------------------
int weekOfNewYear(int year)
{
    int i,days,m=0;
        //days为1900年至(year-1)年份为止的总天数,m是此期间的闰年数
    for(i=1900;i<year;i++)
        if(isLeap(i)) m++;
    days=(year-1900) * 365+m;
    return (days+1)%7;
}
//-------------求某年某月1日是星期几函数--------------------
int weekOfNewMonth(int year,int month)
{
    int i;
    int sumDays=0;
    int daysOfMonth[12]={31,28,31,30,31,30,31,31,30,31,30,31};
                            //平年每月的天数
    for(i=1;i<month;i++)
        sumDays=sumDays+daysOfMonth[i-1];
    if(month>2&&isLeap(year)) sumDays=sumDays+1;
```

```
        return (sumDays+weekOfNewYear(year))%7;
}
//--------------输出显示某日的日期信息函数-------------------
void display(int year,int month,int day)
{   static char * weekDays[7]={"星期日","星期一","星期二","星期三","星期四",
                               "星期五","星期六"   };
    char * weekDay=weekDays[weekOfDay(year,month,day)];
    printf("%d年%d月%d日 %s",year,month,day,weekDay);
    if(isLeap(year)) printf("闰年");
    printf("\n");
}
//----------将月份数值转换为相应的英文名称函数-----------------
char * monthName(int n)                      //返回值为指向字符类型的指针
{
                                             //定义一个静态字符型指针数组

    static char * month[]=
    {   "Illegal month",                     //月份出错
        "January",                           //一月
        "February",                          //二月
        "March",                             //三月
        "April",                             //四月
        "May",                               //五月
        "June",                              //六月
        "July",                              //七月
        "August",                            //八月
        "September",                         //九月
        "October",                           //十月
        "November",                          //十一月
        "December"                           //十二月
    };
    //以上定义了一个静态字符型指针数组(存放各字符串的首地址)
    //静态存储量是在程序加载时初始化的并永久存在
    //静态存储量在程序运行阶段根据其有效性直接使用,没有新的存储分配的问题
    //这样在需要多次调用本函数进行转换时,将大大提高效率
    return (n>=1&&n<=12)? month[n]:month[0];
}
//-------------打印月历函数-----------------------------
void prtMonthCalendar(int year,int month)
{
    int day,weekday,lenOfMonth,i;
    weekday=weekOfNewMonth(year,month);      //求当月1日是星期几
                                             //确定当月的天数 lenOfMonth
    if(month==4||month==6||month==9||month==11)
```

```
            lenOfMonth=30;
        else if(month==2)
        {
            if(isLeap(year))
                lenOfMonth=29;
            else
                lenOfMonth=28;
        }
        else
            lenOfMonth=31;
        //打印月历头
        printf(" --------------------------\n");
        printf(" SUN MON TUE WED THU FRI SAT\n");
        printf(" --------------------------\n");
        //找当月1日的打印位置
        for(i=0;i<weekday;i++)
            printf("    ");
        //打印当月日期
        for(day=1;day<=lenOfMonth;day++)
        {
            printf("%4d",day);
            weekday=weekday+1;
            if(weekday==7)                          //打满一星期换行
            {
                weekday=0;
                printf("\n");
            }
        }
    printf("\n");                                   //打完一月换行
}
//--------------打印英文月份名称日历(年历)函数--------------
void prtEnCalendar(int year)
{
    int month;
    //打印12个月的月历
    for(month=1;month<=12;month++)
    {
        printf("\n%s\n",monthName(month));      //打印英文名称的月份
        prtMonthCalendar(year,month);           //打印月历
    }
}
```

程序运行结果如图 2-14 所示。

图 2-14 "打印英文年历"程序运行结果

第3章

C 语言的重点语法及典型程序

3.1 C 语言的重点语法

3.1.1 合法的标识符

C 语言中合法的标识符由字母、数字或下画线组成,第一个字符只能是字母或下画线。标识符不能与关键字相同,关键字详见主教材附录 B。标识符包括变量名、函数名、标签名等。合法和非法标识符举例如表 3-1 所示。

表 3-1 合法和非法标识符举例对比

合法标识符举例		非法标识符举例	
例子	解释	例子	解释
A	大写与小写均可	4a	第一个是数字
a	同名大小写是两个不同变量	a-1	非法符号-
a4	第一个是字母就可以	a * 2	非法符号 *
IF	大写与小写不是同一个	a.2	非法符号.
_if	第一个是下画线就可以	if	关键字
_4	第一个是下画线就可以	4_a	第一个是数字

3.1.2 数据类型

为了高效地表达和存储数据,C 语言中设置了不同的数据类型,主要有整型、实型、字符型。

1. 整型数据

整型又分为整型(int,4 字节)、短整型(short,2 字节)、无符号整型(unsigned)。常数默认是 int 类型。短整型只是占内存长度较小且可表示数的范围小一些。

```
int a;                 //最高位表示正负,数用补码表示,4 字节
short b;               //最高位表示正负,数用补码表示,2 字节
unsigned int a;        //最高位也是数据,没有负数,原码表示,4 字节
unsigned a;            //与上一句等价
unsigned short b;      //最高位也是数据,没有负数,原码表示,只占 2 字节
```

2. 实型数据

实型又分为单精度类型(float)和双精度类型(double)。两者占用内存字节数不同,float 占 4 字节,double 占 8 字节,后者精度更高,表示的数据范围更大。

实型常量默认是 double 类型。不同数据类型混合运算先转换为 double 类型。将实型赋值为整型是简单取整。例如:

```
double d=1/2.;         //d 将被赋值为 0.5,注意 2 后面有小数点
double d=1/2;          //d 将被赋值为 0
int a=3.9;             //a 将被赋值为 3
```

3. 字符型数据

字符型数据(char)占 1 字节,按照 ASCII 码表示、存储,也可以按照整型读出或显示。字符常量用单引号表示。

```
char c='a', b='0';
printf("%c, %c, %d, %d",c,b,c,b);                    //将输出 a, 0 ,97, 48
cout<<c<<", "<<(int)c<<", "<<b<<", "<<(int)b;  //将输出 a, 97, 0, 48
```

3.1.3 常量的表示

合法和非法的常量举例如表 3-2 所示。

表 3-2 合法和非法的常量表示对比

	合法常量举例		非法的常量举例	
	例子	解释	例子	解释
整数	0172	0 开头是八进制整数,即 122	0192	八进制不能出现 9
	0x5f	0x 开头是十六进制整数,即 95	31a5	十进制不能出现 a
	0b101	0b 开头是二进制整数,即 5	0b121	二进制只能有 0 和 1

续表

	合法常量举例		非法的常量举例	
	例子	解释	例子	解释
实数	3.	就是 3.0,无歧义	.	不能只有小数点
	.5	就是 0.5,无歧义	3.2e	不能没有指数
	1e-5	双精度实数,即 0.00005	2e0.5	指数只能是整数
	.3e2	即 30	.e2	数值部分必须有数
	300e+5	即 30000000	e2	变成一个变量名了
字符	'a'	单引号	'ab'	多于 1 个字符不行
	'\x61'	十六进制的 ASCII 码表示	'\181'	八进制数字不能大于 7
	'\141'	八进制 ASCII 表示		
	'\n'	转义字符:换行		

看下面程序的输出:

```
cout<<0b101;          //输出显示: 5
cout<<0101;           //输出显示: 65
cout<<0x101;          //输出显示: 257
```

注意掌握二进制与十进制、八进制、十六进制之间的转换。

3.1.4 运算符

1. 区分赋值运算符(=)与关系运算符(==)

通过表 3-3 的两个程序段的赋值运算符(=)与关系运算符(==)的使用对比,可以体会这两个运算符的区别。

表 3-3 赋值运算与关系运算的对比

关系运算符	误用赋值运算符(逻辑错)

int a=2; //赋值
if(a==2){d++;} //如果 a 等于 2 就执行
	if(a=2) {d++;} //逻辑错,括号中总是逻辑真
	//而没有判断 a 是否等于 2,只是将 2 赋值给 a
	//括号中的结果总是 2,是非零,所以永远是真

2. 复合赋值运算符

复合赋值运算符有+=、-=、*=、/=、%=、&=、|=、^=、<<=、>>=。

其中,a+=2 等价于 a=a+2;

%(求余运算符):求余运算的结果与被除数同号。

3. 逻辑运算符

注意：数学上的 3<x<5，在 C 语言中的逻辑关系表达式应为 if(3<x && x<5)。

4. 三目运算符（?:）

例如：

a=a>0?a:-a;　　//如果"?"前面为真则取":"前面的值，否则取其后面的值，这里相当于求 a 的绝对值

5. 注意区分逻辑运算符和位逻辑运算

1）逻辑运算符（&&、||、!）

逻辑运算的结果只有两个：1 或 0，分别表示真、假。规则如表 3-4 所示。

表 3-4　逻辑运算的运算结果规则

表达式	变量的数据		逻辑表达式的结果		
	a	b	a&&b	a||b	!a
数据结果	0	0	0	0	1
	0	非零	0	1	1
	非零	0	0	1	0
	非零	非零	1	1	0

对于逻辑值，只要不是 0，都认为是非零，是真。

2）位逻辑运算（&、|、~、^）

位逻辑运算将操作数对其二进制的每一位进行处理，结果仍然是一个整数。举例如下：

```
short a=3,b=2,c;        //00000011、00000010
c=a&b;                  //结果 c 为 2：00000010
c=a|b;                  //结果 c 为 3：00000011
c=a^b;                  //结果 c 为 1：00000001(每一位分别比较，不同则为 1)
c=~a;                   //结果 c 为-4：11111111 11111100(-4 的补码)
```

6. 移位运算

左移位为<<、右移位为>>。

c=a<<2;　　//将 a 中的二进制数左移 2 位后赋值给 c，左移时最右边位补 0

c=a>>1;　　//右移 1 位，有符号数最左边位复制原符号位补到最左，无符号数补 0
　　　　　　//位逻辑、移位等位运算在硬件控制中比较有用

位运算进行位控制和位逻辑判断的例子如下：

```
unsigned short a;
a&=0xfffd;          //将 a 的 a1 位(最右边是 a0 位)置 0,其余位不变
a|=4;               //将 a 的 a2 位置 1,其余位不变
if(a&4==1)          //判断:a2 位是否是 1
if(a&2==0)          //判断:a1 位是否是 0
```

难点:运算符的优先级,参见主教材附录 C。

3.1.5 程序的选择结构

C 语言有 3 种分支结构形式,对比如表 3-5 所示。

表 3-5 3 种选择结构(分支结构)形式对比

if 单分支	if-else 两分支	switch 多分支

if(a>0) //注意括号
　　//后无分号!
　b=a;
 	
if(a>0); //错误
　b=a;
//逻辑错误,无法选择!
	if(a>0)
	　　b=a;
	else
	　　b=-a;
	
	//else 与其前面可见的、最
	　近的、未配对的 if 配对
		switch(a)　　//括号中可以是算式
		{ //case 后必须是整型或字符型常量
		　　case 1:b=1;
		　　　　break;
		　　case 2:b=2;break;
		　default:b=5;
		} //break 根据需要加

其中,多分支是选择结构的难点。

例 3.1 year 如果是 4 的倍数且不是 100 的倍数,或者是 400 的倍数,就是闰年,输出判断结果,并将变量 islunar 赋值为 1 或 0。

```
if(year%4==0&&year%100!=0||year%400==0)     //注意区分=与==。=是赋值,
                                            //==是判断是否相等
{
    cout<<year<<"是闰年。";                   //注意花括号不能少,因为分支中有 2 条语句
    islunar=1;
}
else
{
    cout<<year<<"不是闰年。";
    islunar=0;
}
```

例 3.2 对比下面的程序段,分别分析它们的输出结果。

| ```
int a=3;
  if(a>5)
  if(a>8) { a++;a*=2;}
else a--;
cout<<a;//将输出 3
//如果第一句改为 int a=6,将输出 5
//如果第一句改为 int a=9,将输出 20
``` | ```
int a=3;
if(a>5)
{ if(a>8) a++;a*=2;}
else a--;
cout<<a;//将输出 2
//如果第一句改为 int a=6,将输出 12
//如果第一句改为 int a=9,将输出 20
``` |

例 3.3 根据整型变量 year、month 的数据,显示该月天数。对比下面正确和错误的程序。这里,year、month 可以是函数参数或输入的数据。

正确	错误
| ```
switch(month)
{
  case 1:
  case 3:
  case 5:
  case 7:
  case 8:
  case 10:
  case 12:cout<<31; break;   //跳走
  case 4:
  case 6:
  case 9:
  case 11:cout<<30; break;
  default:
      if(year%4==0&&year%100!=0
              ‖year%400==0)
      cout<<29;
  else    //if else算一条语句
      cout<<28;
}
//2018、1 将输出 31
//2018、2 将输出 28
//2018、4 将输出 30
//2016、2 将输出 29
``` | ```
switch(month)
{
  case 1: break;       //逻辑错,什么都没干
  case 3:
  case 5:
  case 7:
  case 8:
  case 10:
  case 12:cout<<31;   //继续向下
  case 4:
  case 6:
  case 9:
  case 11:cout<<30;   //继续向下
  default:
      if(year%4==0&&year%100!=0
              ‖year%400==0)
      cout<<29;
  else    //if else算一条语句
      cout<<28;
}
//2018、1 将没有输出
//2018、3 将输出 313028
//2018、2 将输出 28
//2018、4 将输出 3028
//2016、4 将输出 3029
//2016、2 将输出 29
``` |

例 3.4 根据百分制分数,显示"优""良"……对比下面的不同程序实现。

经典	可以接受，算正确	错误
```switch(score/10)``` ```{``` ``` case 9: cout<<"优";``` ``` break;``` ``` case 'a': ...``` ``` case '=': ...``` ``` default:``` ```}```	```switch(score/10)``` ```{``` ``` case 9/10: cout<<"优";``` ``` break;``` ``` case 3-2: ...``` ```//switch后的括号中可以是整``` ```型表达式或结果转换为整型``` ```//case后的标签可以是常量或``` ```无变量的表达式,不能有变量```	```switch(score * 0.1)``` ```{``` ```case m * 10: cout<<"优";``` ``` break;``` ```...``` ```//错误原因:``` ```//switch后括号中是实型``` ```//case后的标签不是常量```

3.1.6 程序的循环结构

C 语言有如下 3 种循环结构形式,如表 3-6 所示。

表 3-6 3 种循环结构形式对比

for 循环	while 循环	do-while 循环
```for(i=0;i<5;i++)``` ```{ …… }``` //注意 for 的括号后面不能有分号 //本循环方法最常用	```while(e>=1e-5)``` ```{ …… }``` //注意 while 后面的括号后面不能有分号,否则逻辑错:没有进行循环	```do``` ```{ …… }while(e>=1e-5);``` //注意 while 后面的括号后面必须有分号!否则语法错

循环嵌套、循环控制变量、循环中变量的迭代是难点。

例 3.5 求 1!+2!+3!+4!+5!的值

```cpp
#include<iostream>
using namespace std;
int main(void)
{
    int i;
    double term=1.,sum=0.;          //定义为双精度实型变量,表示范围更大,
                                    //更不容易溢出
    for(i=1;i<=5;i++)
    {
        term=term * i;              //或写为 term * =i;
        sum=sum+term;               //或写为 sum+=term;
    }
    cout<<sum;
    return 0;
}
```

例 3.6 求 1! * 2! * 3! * 4! * 5!的值

```
#include<iostream>
using namespace std;
int main(void)
{
    int i;
    double term=1.,sum=1.;          //注意初始值与上一题的区别!
    for(i=2;i<=5;i++)               //循环可以从 2 开始
    {
        term=term * i;             //或写为 term * =i;
        sum=sum * term;            //或写为 sum * =term;
    }
cout<<sum;
return 0;
}
```

例 3.7 编程输出如下图形。

```
      *
    * * *
  * * * * *
* * * * * * *
```

```
#include<iostream>
using namespace std;
int main(void)
{
    int i,j;
    for(i=0;i<4;i++)                //控制输出 4 行
    {
        for(j=0;j<10-i;j++)         //控制输出空格,
                                    //注意理解循环次数为什么是 10-i
            cout<<' ';
        for(j=0;j<2 * i+1;j++)      //控制输出 *,注意理解循环次数为什么是 2 * i+1
            cout<<'* ';
        cout<<endl;                 //换行不能少!
    }
    return 0;
}
```

例 3.8 根据 $\pi = 4\left(1 - \dfrac{1}{3} + \dfrac{1}{5} - \dfrac{1}{7} + \cdots\right)$,计算 π 的近似值,要求误差小于 10^{-5}。

方法 1:

```
#include<iostream>
using namespace std;
int main(void)
{
    int i=1,sign=1;
    double pi=0.,term=1;            //注意初始化赋值
    while(term>2.5e-6)              //注意循环条件
    {
    term=1./i;                     //注意不能写为 term=1/i; 那样始终为 0
    pi=pi+sign*term;               //或写为 pi+=sign*term;
    sign=-sign;                    //注意如何控制循环中符号的变化
    i+=2;
    }
    pi*=4;                         //注意这一句不能少
    cout<<pi;                      //输出结果 3.141598,误差 8e-6
    return 0;
}
```

方法 2：

```
#include<iostream>
using namespace std;
int main(void)
{
    int i=1,sign=1;
    double pi=0.,term;             //注意初始化赋值与方法 1 的变化
    do
    {
        term=1./i;                 //注意不能写为 term=1/i; 那样始终为 0
        pi=pi+sign*term;           //或写为 pi+=sign*term;
        sign=-sign;
        i+=2;
    }while(term>2.5e-6);           //注意分号不能少！
    pi*=4;
    cout<<pi;                      //输出结果 3.141598,误差 8e-6
    return 0;
}
```

例 3.9 根据 $\pi = 3 + 4\left(\dfrac{1}{2\times3\times4} - \dfrac{1}{4\times5\times6} + \dfrac{1}{6\times7\times8} - \cdots\right)$ 计算 π 的近似值，要求误差小于 10^{-9}。

```
#include<iostream>
using namespace std;
```

```
int main(void)
{
    int i=2,sign=1;
    double pi=0.,term;              //注意初始化赋值
    do
    {
        term=1./i/(i+1)/(i+2);
        pi+=sign*term;
        sign=-sign;
        i+=2;
    }while(term>2.5e-10);           //注意分号不能少!
    pi=3+4*pi;
    cout<<pi;                       //输出结果 3.1415926531,误差 5e-10
    return 0;
}
```

3.1.7 特殊的程序流程控制语句

关于循环中的 break 与 continue 语句:

循环中碰到 break 语句,将结束本层的循环,执行本层循环语句后面的句子。循环中碰到 continue 语句,将跳过本次循环后面的语句,进入循环控制。比较示例:

`for(i=0;i<2;i++)`
`{`
`  for (j = 0; j < 3; j`
`++)`
`  {`
`    cout<<j;`
`    cout<<", ";`
`  }`
`  cout<<endl;`
`}`
	`for(i=0;i<2;i++)`
	`{`
	`  for(j=0;j<3;j++)`
	`  {`
	`    cout<<j;`
	`    if(j==1) break;`
	`    cout<<", ";`
	`  }`
	`  cout<<endl;`
	`}`
		`for(i=0;i<2;i++)`
		`{`
		`  for(j=0;j<3;j++)`
		`  {`
		`    cout<<j;`
		`    if(j==1) continue;`
		`    cout<<", ";`
		`  }`
		`  cout<<endl;`
		`}`

将输出: 0, 1, 2, 0, 1, 2,	将输出: 0, 1 0, 1	将输出: 0, 12, 0, 12
解释: 外循环 2 次、嵌套每次内循环 3 次。	解释: j 为 1 时内循环提前结束,进入第 2 次外循环,且再次当 j 为 1 时再次提前结束内循环。	解释: j 为 1 是,不执行后面的输出逗号语句,直接去执行 j++。

3.1.8 函数

1. 函数的声明、定义

函数是 C 语言的程序结构基本单位,是一个功能、结构独立的模块。自定义函数名与变量名规则一样。

与函数有关的有声明、定义和调用。声明就是表示有这么一个函数。定义就是详细写出函数的完整程序语句。调用就是来使用函数。

例 3.10 一个求两个实数平均值的函数。

```
#include<iostream>
using namespace std;
double my_mean(double, double);
//函数的声明,必须给出函数名、
//返回值类型、参数类型、参数个数,注意函数声明最后有分号
//声明时参数名可以给或不给出
//自定义函数必须先声明、后调用
intmain(void)
{
    double a=3,b=4,c;
    c=my_mean(a,b);                   //函数的调用,给出参数的实际值
    return 0;
}
//--------------------------------------------------------
double my_mean(double x, double y)     //函数的定义,注意头部后面没有分号
//定义时必须给出参数名、参数类型、返回值类型
//定义时的参数个数、各类型必须与声明一致
//参数名可以与声明时参数名不同
{
    return (x+y)/2;   //函数的返回值。声明时函数无返回类型的可以没有 return 语句
}
```

函数一般会返回一个值,可以是各种类型:整型、实型、字符型、指针、结构体类型,后两种情况较少。

难点:参数传递、递归函数、静态变量。

2. 函数的参数传递

调用函数时,向函数传递的是值,而不是变量;但是传递指针可以使指针指向地址的空间或后续连续空间在函数中得到赋值而相当于得到返回值。

函数只能有一个显性返回值,函数中通过 return 返回,调用通过函数名得到该返回值。

例如：

```
#include<iostream>
using namespace std;
int swap(int a, int b)          //函数的定义,此时声明和定义在一起
{               //这里的 a、b、c 是函数里面的局部变量,与主程序中的 a、b、c 没有任何关系
    int c;
    c=a,a=b,b=c;
    return a+b;
}
intmain(void)
{   int a=3,b=4,c;
    c=swap(a,b);                //传递给函数的是数据 3、4,而不是变量 a、b
    cout<<"a="<<a<<", b="<<b<<", c="<<c;
    return 0;                   //输出仍然是 a=3, b=4, c=7
}
```

如果想交换两个参数的值,应修改为

```
#include<iostream>
using namespace std;
int swap(int * a, int * b)      //参数为整型指针,这里参数名改为 pa 更好
{   int c;
    c= * a, * a= * b, * b=c;      // * 是间接寻址运算符
    return * a+ * b;
}
intmain(void)
{
    int a=3,b=4,c;
    c=swap(&a, &b);             //传递给函数的是 a、b 的地址,& 是取地址运算符
    cout<<"a="<<a<<", b="<<b<<", c="<<c;
    return 0;                   //输出就变为了 a=4, b=3, c=7
}
```

3. 递归函数

在函数定义中调用自己。或者 A 函数定义中要调用 B 函数,而 B 函数定义中又会调用 A 函数。注意:递归函数定义中肯定有选择结构,使其在某种情况下不再调用函数,而是可以得到结果。

例 3.11 求数列的值,$f(0)=0$, $f(1)=1$, $f(n+2)=f(n+1)+f(n)$, $n=0,1,2,3,\cdots$。

```
int fun(int n)                  //函数定义
{
```

```
    int d;
    if(n==0) d=0;
    else if(n==1) d=1;
    else d=fun(n-1)+fun(n-2);
    return d;
}
```

4. 变量的作用域、生命期、可见性

(1) 局部变量：在一个块中(也就是花括号中)定义的变量就是局部变量，作用域只在该块内，但在其生命期内可以通过地址进行块外访问(静态变量不同)。一般使用的就是这一类。块运行结束后生命期结束(静态变量不同)。

同一块中不能定义重名的两个局部变量，但不同块或不同层次的块的局部变量可以重名，甚至局部变量可以和全局变量重名。重名时块内的变量屏蔽块外的变量。

(2) 全局变量：在所有块外定义的变量，所有块可以访问。

(3) 静态变量：关键字 static，生命期一直到程序结束，只初始化一次，块结束后不可见。例如：

```
#include<iostream>
using namespace std;
int main(void)
{   int i=-5,j;      //局部变量 i
    for(j=0;j<3;j++)
    {   int i=0;     //子块中的 i
                     //重名局部变量 i
        cout<<i++;
    }                //输出 0, 0, 0,
    cout<<i;         //输出 -5
    return 0;
}
```

```
#include<iostream>
using namespace std;
int main(void)
{   int i=-5,j;      //局部变量 i
    for(j=0;j<3;j++)
    {   static int i=0;
                     //静态局部变量 i,这一句
                     //在循环时不第二次执行初始化
        cout<<i++;
    }                //输出 0, 1, 2,
    cout<<i;         //输出 -5
    return 0;
}
```

又例如：

```
#include<iostream>
using namespace std;
extern int m;                                        //全局变量声明
fun()
{   int a=3,b=4;
    m++;
    cout<<"a="<<a<<", b="<<b<<", m="<<m;             //输出 a=3, b=4, m=2
}
int m=1;                                             //全局变量定义
```

```
int main(void)
{
    int a=-3,b=-4;                              //与函数中的 a、b 没有关系
    fun();                                      //调用函数
    m*=2;
    cout<<"a="<<a<<", b="<<b<<", m="<<m;        //输出 a=-3, b=-4, m=4
    return 0;
}
```

又例如关于静态变量：

```
#include<iostream>
using namespace std;
int m=0;                                //全局变量
fun()
{   static int a=3,b;
    b=1,a++,m++;                        //b-1 不是初始化,而是赋值,循环每次都要执行
    cout<<"a="<<a<<", b="<<b<<", m="<<m<<", ";
}
int main(void)
{   int i;
    for(i=0;i<3;i++)
        fun();                         //调用函数 3 次
    cout<<"m="<<m;                     //输出 m=3
    return 0;
}
```

将输出 a＝4，b＝1，m＝1，a＝5，b＝1，m＝2，a＝6，b＝1，m＝3，m＝3。

3.1.9　数组

1. 数组的定义、引用和初始化

数组就是一组变量,这些变量类型相同、名称相同但下标不同,连续存放。
定义一个一维数组后,其数组名就成了一个指针,表示第一个元素的地址、类型。

```
#include<iostream>
using namespace std;
int main(void)
{
    int a[5],i;                 //数组定义,数组名为 a,长度为 5,元素为 a[0]到 a[4]
                                //此时,数组 a 的各元素的值是不确定的,未必是 0
    int b[]={1,3,0,2,5};        //定义时可以一次性初始化全数组元素,长度为 5
    int c[8]={3};               //除第一个元素外,c 的其余元素值为 0
    a[0]=3;                     //数组元素引用,不能简单用数组名来试图访问全部元素
```

```
    a[4]=b[1]*2;//每次访问一个元素,可通过循环来访问全部元素
    for(i=0;i<5;i++)
        a[i]=i*2;//通过循环语句,访问数组的全部元素。注意下标的范围
    return 0;
}
```

难点:循环中数组的下标选择、二维数组。

2. 常见错误

正确	错误
```#define N 100```	```int main(void)```

<table>
<tr><td>

```
#define N 100
int main(void)
{
    int a[N];        //编译时长度确定
    int b[11/2]={5}; //长度确定
    b[1]=a[2];
    a[2]=3;
    return 0;
}
```

</td><td>

```
int main(void)
{
    int i=5,b[5];
    int a[i]; //错误!编译时长度不确定
    a=b;      //错误!数组名是指针常量
    b[5]=5;   //错误!下标越界,逻辑错误
    b={1,3};  //错误!无法访问整个数组
    return 0;
}
```

</td></tr>
</table>

3. 数组名作函数的参数

数组名作函数的参数,向函数传递的是地址,这样可以将多个值通过该地址空间开始的连续空间带回。

例 3.12　输入 10 个分数,求平均分及每个分数的降序名次。

```
#include<iostream>
using namespace std;
#define N 10
double mySort(int score[],int number[]);
                                //函数的声明,参数是 2 个数组:分数、名次
int main(void)
{
    int i,a[10],b[10];
    double average;
    cout<<"Input 10 score : ";
    for(i=0;i<N;i++)
        cin>>a[i];                  //输入 10 个分数
    average=mySort(a,b);            //函数调用
    cout<<"\n 平均分是: "<<average<<"\n 名次分别是: ";
    for(i=0;i<N;i++)
```

```
        cout<<b[i]<<", ";           //输出 10 个名次
    return 0;
}
double mySort(int score[],int number[])
{
    int i,j,sum=0;
    for(i=0;i<N;i++)
    {   number[i]=1;                //初始名次为 1
        for(j=0;j<N;j++)
            if(score[i]<score[j])
                number[i]++;        //有一个比它大的数,则名次降 1
        sum+=score[i];              //求分数和
    }
    return (double)sum/N;
}
```

4.3 种排序算法(以升序排序为例)

(1) 交换法:依次找出最小的数交换到第 1 个元素,次小的数交换到第 2 个元素,依此类推。用第 1 个元素与后面的全部元素依次比较,如果后面某个元素比它小,则交换。全部比较后第 1 个元素就是最小。然后第 2 个元素同样与其后面的元素比较、交换……

```
void sortExchange(int a[],int n)        //对数组 a 的 n 个元素进行升序排序
{
    int i,j,m;
    for(i=0;i<n-1;i++)                  //依次找出 n-1 个最小数、次小数……
        for(j=i+1;j<n;j++)             //j 是 a[i]后面的所有元素的下标
            if(a[i]>a[j])              //若后面大则交换
                                       //以使 a[i]始终比其后面的元素小

            {
                m=a[i];
                a[i]=a[j];
                a[j]=m;
            }
}
```

(2) 选择法:与交换法类似,依次找出最小的数交换到第 1 个元素,次小的数到第 2 个元素,依此类推。只是每次用最小的元素与后面的全部元素依次比较,如果后面某个元素比它小,则记下新的最小数的下标。全部比较后,就得到最小值的下标,将其与第 1 个元素交换。然后第 2 小的数同样与其后面的元素比较、记下下标,最后交换……。这样交换次数少,只是选择最小的值与第 1 个元素交换。

```
void sortSelect(int a[],int n)          //对数组 a 的 n 个元素进行升序排序
{   int i,j,k,m;                         //变量 k 表示最小数的下标
    for(i=0;i<n-1;i++)                   //依次找出 n-1 个最小数,次小数……
    {   k=i;                            //先假设第一个元素最小
        for(j=i+1;j<n;j++)              //j 是 a[i]后面的所有元素的下标
            if(a[k]>a[j])               //若后面大则修改 k
                                        //以使 k 始终是 a[i]后最小数的下标
                k=j;                    //记下新的下标到 k
        m=a[i];
        a[i]=a[k];
        a[k]=m;                         //将第一个与选择的最小的元素交换
    }
}
```

（3）冒泡法：从最后一个元素开始,与其前面相邻的元素比较,若后面小则交换。然后次后的元素同样与其前面相邻的元素比较、交换。到第 2 个后则最小的数"冒泡"到了最前面。然后再次将次小的数冒出,第 3 小的冒出,……

```
void sortBubble(int a[],int n)          //对数组 a 的 n 个元素进行升序排序
{   int i,j,m;
    for(i=0;i<n-1;i++)                   //通过"冒泡"依次找出 n-1 个最小数、次小数…
        for(j=n-1;j>i;j--)              //j 是从后向前冒泡的元素下标
            if(a[j]<a[j-1]) //若后面小则交换,以使相邻两个元素中始终保持前面的元素小
            {
                m=a[j];
                a[j]=a[j-1];
                a[j-1]=m;
            }
}
```

冒泡法可以改进,当一次冒泡中没有发生交换,则表示已符合顺序条件,可以提前结束。

```
void sortBubble(int a[],int n)          //对数组 a 的 n 个元素进行升序排序
{   int i,j,sign,m;                     //sign 表示是否有交换
    for(i=0;i<n-1;i++)                   //依次找出 n-1 个最小数、次小数……
    {   sign=0;
        for(j=n-1;j>i;j--)              //j 是从后向前冒泡的元素下标
            if(a[j]<a[j-1]) //若后面小则交换,以使相邻两个元素中始终保持前面的元素小
            {
                m=a[j];
                a[j]=a[j-1];
```

```
                a[j-1]=m;
                sign=1;          //有交换,则标记为 1
            }
        if(sign==0)              //一轮相邻数比较下来无交换,则提前结束
        break;
    }
}
```

3.1.10　指针

1. 指针的概念、指针变量的定义与使用

指针是一种新的数据类型,它表示变量的地址和类型。指针同样有指针变量和指针
常量。

例如:定义“int ＊ p;”后,p 就是指针变量,定义“int m,a[5];”后,&m 和 a 都是指针
常量。&m 表示变量 m 的地址及该地址中数据类型是整型。a 表示变量 a[0]的地址,及
其类型为整型。

指针变量的定义、初始化、赋值、使用举例如下:

```
#include<iostream>
using namespace std;
int main(void)
{
    int a[5],m,i,＊p1,＊p2=a;      //定义了两个指针变量
    int b[]={1,3,0,2,5};
    p1=b;                         //给指针赋值
    p2[0]=33, ＊(p2+2)=55;        //使用指针间接寻址
    cout<<a[0]<<", "<< ＊p1<<", "<< ＊(p1+4));
                                  //相当于输出＊p2、b[0]、b[4],将输出显示 33, 1, 5
    p1=p2;                        //指针变量重新赋值
    ＊p1=22;                      //相当于 a[0]=22
    cout<<a[0]<<", "<< ＊p1<<", "<< ＊(p1+2));
                                  //相当于输出＊p2、a[0]、a[2],将输出显示 22, 22, 55
    return 0;
}
```

难点:指针的使用、间接寻址。& 是取地址运算符,＊ 是间接引用运算符。

2. 常见错误

指针使用中的常见错误如表 3-7 对比举例所示。

表 3-7　指针的错误使用对比举例

正确	错误

int main(void)
{ 　int a[5], * p;
　　p=a;
　　p=&a[2]; * p=3;
　　a[0]= * p+1;
　　a[2]= * (p+3);
}
	int main(void)
	{ 　int a[5],b[5], * p=b;
	　　a=p;　　　　　　　//a是指针常量
	　　a=&p[2];　　　　　//a是指针常量
	　　 * a=3; p[0]= * a+1;　//正确,间接寻址
	　　a[2]= * (p+3);　　　//正确
	} //指针常量不能赋值,但可以用来间接寻址

3. 指针作函数的参数

指针作函数的参数,向函数传递的是地址,这样可以将一个或多个值通过该地址空间开始的连续空间带回。与数组名作函数参数类似。

例 3.13　给函数两个参数值,在函数里让它们交换数据,并返回结果(要返回两个结果)。

```cpp
#include<iostream>
using namespace std;
void Swap(int * ,int * );          //函数的声明,参数是 2 个整型指针
int main(void)
{   int a,b;
    cout<<"Input 2 data : ";
    cin>>a>>b);                    //输入 2 个整数
    Swap(&a,&b);                   //通过 a、b 将结果带回
    cout<<a<<", ")<<b;             //输出交换后的数据
    return 0;
}
void Swap(int * p1,int * p2)
{
    int m;                         //中间变量
    m= * p1;                       //间接寻址访问 a
    * p1= * p2;                    //间接寻址访问 a、b
    * p2=m;
}                                  //若输入 2 3,结果为: 3,2
```

3.1.11　字符串

1. 字符串的概念与使用

字符串是特殊的数据常量,它是连续存储的字符型数据并以 0 结束。由于在人机交

互、字符型信息处理中经常用到字符串,所以定义了字符串的表示形式及字符串处理函数。

字符串的应用常常是用字符指针,它的表示标志是双引号。

字符串的使用——检测输入的密码是否正确,举例如下:

```
#include<iostream>
#include<string.h>              //字符串处理函数头文件
using namespace std;
int main(void)
{
    char a[100]="Welcome!";     //定义了一个数组,初始化将其存储了一个字符串
    const char * p="China";     //定义了一个字符指针,指向一个字符串常量
    char b[100];
    cin>>b;                     //输入一个字符串,按回车或空格键结束
    if(strcmp(p,b)==0)          //函数比较两个字符串是否相等
        cout<<a;
    else
        cout<<"密码错误!";
    return 0;
}
//数组 a 中的实际存储情况:'W'、'e'、'l'、'c'、'o'、'm'、'e'、'!'、'\0'
//指针 p 指向的内存存储情况:'C'、'h'、'i'、'n'、'a'、'\0'
//字符串最后的'\0'是计算机自动加上的
//这里,* p 只能读,不能写;数组 a 的 * a 能读、能写
```

重点:字符串的存储、字符串处理的相关函数。

2. 常见错误

字符串使用中的常见错误如表 3-8 所示。

表 3-8　字符串使用中的常见错误举例

正　　确	错　　误
int main(void) {　char a[5]="Tom", * p1=a; 　const char * p2="Go!"; 　cout<<p2<<p1<< * (p2+2); 　return 0; }　　//将输出 Go!Tom!	int main(void) {　char a[5]="Tom", * p1=a, * p2="Go!"; 　 * p2='a';　　//字符串不能重新赋值 　a[0]='a';　　//数组可以重新赋值 　return 0; }

3. 字符串处理相关函数

字符串处理函数头文件为♯include<string.h>,常用字符串处理函数如表 3-9 所示。

表 3-9　常用的字符串处理函数

函数原型	解　　释
char * strcpy(char * str1,char * str2);	串复制,str2 指向的串复制到 str1,返回 str1
int strcmp(char * str1,char * str2);	串比较,str1 小则为负,等于则为 0,大则为正
char * strcat(char * str1,char * str2);	串连接,str2 指向的串加到 str1 后,返回 str1
unsigned int strlen(char * str1);	统计 str1 串长度,不计结尾的 0(写为'\0')

4. 字符串的输入输出

C 语言的输入输出需要加上头文件:

```
#include<stdio.h>
```

C++ 的输入输出流方法需要加上头文件和命名空间语句

```
#include<iostream>
using namespace std;
```

字符串的输入输出相关函数或方法归纳如表 3-10 所示。

表 3-10　字符串的常用输入输出方法

函　　数	解　　释
scanf("%s",p);	输入字符串,遇到空格、Tab 符或回车符就结束,且不读入空格及后面字符,留在输入缓冲区队列。p 是字符指针或字符数组名。(C 语言的输入函数)
printf("%s",p);	输出字符串,遇到\0'结束,可输出空格等。p 是字符指针或字符数组名。(C 语言的输出函数)
cin>>p;	输入字符串,遇到空格、Tab 符或回车符就结束,且不读入空格及后面字符,留在输入缓冲区队列。p 是字符指针或字符数组名。(C++ 的输入)
cout<<p;	输出字符串,遇到\0'结束,可输出空格等。p 是字符指针或字符数组名。(C++ 的输出)
gets(p);	输入字符串,按下回车键才结束,可接收空格、Tab 键,且将回车符读取走但不作为字符串的一部分。p 是字符指针或字符数组名
puts(p);	输出字符串,遇到\0'结束,可输出空格等,并在最后输出回车符。p 是字符指针或字符数组名

3.1.12　C 语言的动态内存使用

1. 概念

数组在定义时必须确定其长度,如果不确定需要使用多长,必须将数组定义得很大,比较浪费空间。动态内存管理方法可以在程序运行时根据需要来申请空间。

2. 方法

头文件＃include＜stdlib. h＞。

函数 malloc(字节数)将申请该字节数的连续内存空间,返回申请的内存空间的头指针,但指针无类型。如果没申请到将返回 NULL。必须将该指针做类型转换后赋值给某指针变量。

函数 calloc(个数,块字节数),将申请该个数 * 块字节数的连续内存空间,返回申请的内存空间的头指针,但指针无类型。如果没申请到将返回 NULL。并将空间全部赋值为 0。

函数 free(p)将释放申请的空间。

例 3.14　根据输入的数字,申请一个动态整型数组。

```
#include<iostream>
#include<stdlib.h>
using namespace std;
int main(void)
{
    int m, * p;                           //定义整型指针变量
    cin>>m;                               //输入长度给变量 m
    p= (int * )malloc(m * sizeof(int));   //申请 m 个整型空间
    if(p==NULL)
    { printf("申请内存出错");exit(1);}     //申请失败将显示并退出
    p[0]=5;                       //可以使用该空间,建议不要修改 p 的值,否则不便释放
    cout<<p[0];
    free(p);                              //释放申请的空间
    return 0;
}
```

重点:动态内存管理函数的使用。

3.1.13　构造数据类型

1. 结构体

为了更方便地存储具有不同类型的复杂数据,如学生信息,包括姓名(字符数组)、学号(字符数组)、性别(字符型)、分数(整型)等,可自己定义一个数据类型,每个变量将包括多个成员,每个成员有名称、自己的类型。如果没有结构体的概念,通过多个变量或多个数组也可以实现存储全班学生的信息,但不如结构体方便。

1）格式1

```
#include<iostream>
#include<string.h>
using namespace std;
struct student                      //struct 是关键字,student 是自定义的结构体类型名
{
    char name[10];                  //3 个成员
    int math;
    int computer;
} stu1={"Li",80,88};                //定义结构体变量并初始化,是全局变量
int main(void)
{
    struct student stu2, * p=&stu2; //定义结构体变量、指针
    stu1.math= 95;                  //一次只能访问一个成员
    strcpy(stu2.name,stu1.name);    //字符串复制
                                    //访问成员的格式：stu1.name

    stu2=stu1;                      //同类型的结构体变量可以直接赋值
    cout<<p->name<<": "<<p->math;   //通过指针访问成员,格式：p->name
    return 0;
}
```

2）格式2

```
#include<iostream>
#include<string.h>
using namespace std;
typedef struct student              //两个关键字,给结构体类型以别名 STD
{
    char name[10];                  //3 个成员
    int math;
    int computer;
} STD;
STD stu1={"Li",80,88};              //定义结构体变量并初始化,是全局变量
int main(void)
{
    STD stu2,stu[5], * p=&stu2;     //定义结构体变量、指针、结构体数组
    stu1.math= 95;                  //一次只能访问一个成员
    strcpy(stu2.name,stu1.name);    //数组的复制
    stu2=stu1;                      //同类型的结构体变量可以直接赋值
    cout<<p->name<<": "<<p->math;   //通过指针访问成员
    return 0;
}
```

2. 枚举类型

枚举类型还是整型,不过是以集合的形式列出了所有的取值,即枚举常量。这样使用时直观些,但实质上保存的还是整数。

```
enum week{SUN,MON,TUE,WED,THU,FRI,SAT}today;        //定义了枚举类型 week
enum week nextday;                      //定义了枚举变量 today、nextday
                                        //内存中 SUN 保存为 0,MON 为 1,……
enum response{no=-1,yes=1,none=0};      //也可以设定为某个常量的值
nextday=SUN;                            //相当于 nextday=0
```

重点：结构类型、枚举类型的使用格式。

3.1.14 文件操作

1. 概念

如果希望长期保存数据,就必须将数据保存到文件中。常常还需要通过程序读取文件中的数据,这些都是文件的操作。文件的操作常用的有 4 个函数:打开文件(fopen)、读文件(fread)、写文件(即将数据保存到文件,fwrite)和关闭文件(fclose)。对文件是通过指针进行操作的。

文件有以下两种类型:

(1) 文本文件:全部内容以 ASCII 码表示、保存。适合保存文档。

(2) 二进制文件:全部内容是以二进制表示、保存,适合保存数据。

注意:文件是怎么保存的就需要怎么读取。

2. 文件操作的一般方法(注意加粗的常用相关函数或语句)

```
#include<iostream>
#include<stdlib.h>                      //必须用该头文件
using namespace std;
int main(void)
{
    FILE * fp;                          //文件指针
    int i,a[10];
    double d[10];
    if((fp=fopen("demo.dat","wb+"))==NULL)
    {   printf("Failure to open file.\n");
        exit(1);
    }                                   //打开文件,如果不存在则显示出错并退出
    fread(d,sizeof(double),5,fp);       //读文件
    fwrite(a,sizeof(int),10,fp);        //写文件
```

```
    fclose(fp);        //关闭文件
    return 0;
}
```

注意：

（1）函数 fread(d,sizeof(double),5,fp)中,d 必须是内存的指针,5 表示读取的数据个数。

（2）文件读、写完成后必须关闭文件。

3. 打开文件的参数

打开文件函数 fp＝fopen("demo.dat","wb＋")中,参数 wb＋表示打开文件的类型、方式,参数的含义如表 3-11 所示。

表 3-11　打开文件函数的参数及其含义

参　数	含　　义
"r"	以只读方式打开文本文件
"w"	以只写方式创建文本文件,已存在的同名文件将被覆盖
"a"	以只写方式打开文本文件,位置指针移到文件尾,添加数据,原数据仍然保留
"+"	与上述参数组合,表示以读写方式打开文本文件
"b"	与上述参数组合,表示操作的是二进制文件

重点：文件操作的语法格式。

3.2　C 语言的典型程序

（1）函数：求绝对值。

方法 1：

```
double f(double x)        //定义函数,这里 f 是函数名,x 是参数
{
    if(x<0) x=-x;
    return x;             //两处 double 均改为 int,就是针对整型求绝对值
}
```

方法 2：

```
double f(double x)
{
    x=x>0? x:-x;
```

```
                //通过三目运算符实现,优先级相当于 x=((x>0)？(x)：(-x));
        return x;
}
```

方法 3：

```
double f(double x)
{
        return x>0? x:-x;           //return 后面可以直接是表达式
}
```

（2）函数：求累加和 $f(m)=1+2+3+\cdots+m$。

```
double f(unsigned m)
                        //定义函数,这里 f 是函数名,返回值也可以是 unsigned 类型
                        //m 是参数,参数必须是非负,所以是 unsigned 类型
{
    unsigned i;
    double sum=0;       //sum 也可以是 unsigned 类型,但易溢出。都必须赋初值 0
    for(i=1;i<=m;i++)
        sum+=i;
    return sum;
}
```

（3）函数：求累乘积（就是求阶乘）$f(m)=1\times2\times3\times\cdots\times m$（或 $f(m)=m!$）。

```
double f(unsigned m)    //定义函数,返回值如果是 unsigned 类型很容易溢出
{                       //m 是参数,参数必须是非负,所以是 unsigned 类型
    unsigned i;
    double fac=1.;      //fac 如果是 unsigned 类型很容易溢出。都必须赋初值 1
    for(i=2;i<=m;i++)
        fac*=i;
    returnfac;
}
```

（4）函数：将整型参数 a,b,c 的值按从大到小的顺序输出显示。

```
void f(int a,int b,int c)                   //定义函数,无返回值。本题是排序的基础
{
    int m;                                  //用于两个变量交换值的中间变量
    if(a<b)
    {
        m=a;
        a=b;
        b=m;
    }
```

```
    if(a<c)                //c最大,降序顺序为：c,a,b
        cout<<endl<<c<<", "<<a<<", "<<b;
    else if(b>c)           //a最大,c最小,降序顺序为：a,b,c
        cout<<endl<<a<<", "<<b<<", "<<c;
    else                   //a最大,b最小,降序顺序为：a,c,b
        cout<<endl<<a<<", "<<c<<", "<<b;
}                          //注意程序中的 else 与 if 的配对关系
```

(5) 程序：输入 3 个系数,然后求解一元二次方程 $ax^2+bx+c=0$,并输出结果。

```
#include<iostream>
#include<math.h>                        //需要使用平方根函数 sqrt,所以要加上数学库头文件
using namespace std;
int main(void)
{
    double a,b,c,delta,x1,x2,d,e;        //d、e 是提高计算效率的中间变量
do
    {  cout<<"\ninput a(no 0),b,c : ";
       Cin>>a>>b>>c;
    }while(a==0);                        //输入系数,并要求系数 a 不等于 0
    delta=b*b-4*a*c;
    e=2*a;                               //根的分母
    if(delta>=0)                         //有实数根时
        if(delta>0)                      //再分支：有两个不等实数根时
        {
            d=sqrt(delta);
            x1=(-b+d)/e;
            x2=(-b-d)/e;
            cout<<"两个不等的实根:x1="<<x1<<", x2="<<x2;
        }
        else                             //另一分支：有两个相等实数根时
            cout<<"两个相等的实根:x1=x2="<<-b/e;
    else                                 //有复数根时
    {
        d=sqrt(-delta);
        x1=-b/e;
        x2=d/e;
        cout<<"两个共轭的虚根:x1="<<x1<<'+'<<x2<<"i, x2=";
        cout<<x2<<'+'<<-x2<<"i";
    }                                    //注意体会复数的输出格式控制
    return 0;
}
```

（6）函数：将整型百分制分数对应显示为"优""良""中""及格""不及格"。

方法 1：用 switch 实现

```
void f(unsigned score)          //定义函数,无返回值。参数是分数。
{   if(score>100)               //处理异常分数,此下 4 行可以不要求。
                                //即假设分数正常
    {   cout<<"Score error !";
        exit(1);
    }
    switch(score/10)
    {   case 10:                //100 分的从该标签进来,向下执行
        case 9:cout<<"优"; break;   //遇到 break,结束分支,跳到分支后
        case 8:cout<<"良"; break;
        case 7:cout<<"中"; break;
        case 6:cout<<"及格"; break;
        default:cout<<"不及格";      //以上标签均不符合的入口
    }
}                               //switch 控制多分支
```

方法 2：用 if else 实现

```
void f(unsigned score)          //定义函数,无返回值。参数是分数
{   if(score>100)               //异常分数
        cout<<"Score error !";
    else if(score>=90)
        cout<<"优";
    else if(score>=80)
        cout<<"良";
    else if(score>=70)
        cout<<"中";
    else if(score>=60)
        cout<<"及格";
    else
        cout<<"不及格";
}                               //if else 嵌套来实现多分支
```

（7）函数：根据参数年、月，返回该年该月的天数。

```
int f(int year, int month)      //定义函数,参数是年、月,返回值是天数
{
    int d;
    if(month>12||month<1)       //处理异常月份数
        d=-1;
    else switch(month)
    {   case 1:                 //大月从该标签进来,向下执行
        case 3:
        case 5:
        case 7:
```

```
        case 8:
        case 10:
        case 12:    d=31; break;
        case 2:                          //小月从该标签进来,向下执行
        case 4:
        case 6:
        case 9:
        case 11:    d=30; break;
        default:                         //平月的入口,然后需要判断是否是闰年
            if(year%4==0 && year%100! =0 || year%400==0)    //闰年
                d=29;
            else
                d=28;
        }
        return d;
    }
```

(8) 函数：求各阶乘的和 $f(m)=1!+2!+3!+\cdots+m!$。

```
double f(unsigned m)            //返回值如果是 unsigned 类型就很容易溢出
{                               //m 是参数,参数必须是非负,故为 unsigned 类型
    int i;
    double sum=0.,fac=1.;       //两个变量分别存储和、阶乘
    for(i=1;i<=m;i++)
    {
        fac* =i;
        sum+=fac;
    }
    return sum;
}
```

(9) 函数：用循环嵌套分别输出显示下面的两组图形。

``` ```	``` ```

<pre>   *****
                *****
                *****</pre>
	<pre> *
	               ***
	              *****</pre>

<pre>void f()   //函数无参数、无返回值
{
    int i,j;
    for(i=0;i<3;i++)   //控制行数
    {
        for(j=0;j<5;j++)   //控制列数
            cout<<"*";
        cout<<"\n";
    }
}</pre>
	<pre>void f() //函数无参数、无返回值
	{
	    int i,j;
	    for(i=0;i<3;i++) //控制行数
	    {
	        for(j=0;j<i*2+1;j++) //列数
	            cout<<"*";
	        cout<<"\n";
	    }
	}//注意列数随行数变化规律的表达</pre>

（10）函数：用循环嵌套分别输出显示下面的两组图形。

```
               *****                          *
               ***                          ***
                 *                          *****
```

``void f()   //函数无参数、无返回值
{
int i,j;
for(i=0;i<3;i++)   //控制行数
{
for(j=0;j<5-2*i;j++)   //列数
cout<<"*";
cout<<"\n";
}
}```	```void f() //函数无参数、无返回值
{
int i,j;
for(i=0;i<3;i++)   //控制行数
{
for(j=0;j<2-i;j++)   //空格数
cout<<" ";
for(j=0;j<i*2+1;j++) //列数
cout<<"*";
cout<<"\n";
}
}   //注意列数随行数变化规律的表达```

（11）函数：判断无符号整型参数是否是质数，返回值 1 表示是质数，0 表示不是。
方法 1：

```
int f(unsigned m)
{
    int i,r=1;
    for(i=2;i<m;i++)
        if(m%i==0)
        { r=0; break; }
    return r;
}                          //本方法简单,但效率低
```

方法 2：

```
int f(unsigned m)
{
    int i,r=1,d=sqrt(m)+0.01;
    if(m>=4&&m%2==0) r=0;
    else
        for(i=3;i<=d;i+=2)
            if(m%i==0)
            { r=0; break; }
    return r;
}                          //本方法只试除到 m 的平方根,且先排除了偶数,效率高
```

（12）函数：求两个无符号整型参数的最小公倍数。

```
unsigned int f(unsigned m, unsigned n)
{
    unsigned y,a,b;                   //y是返回值,a是大数,b是小数
    if(m==0||n==0)
        y=0;                          //排除异常数据0
    else
    {
        a=m>n?m:n;                    //a是 m、n 中的大数
        b=m>n?n:m;                    //b是 m、n 中的小数
        y=a;                          //从大数开始搜索:a、2a、3a、…、ba
        while(y%b!=0)                 //不能整除小数 b,试下一个
            y+ =a;
    }
    return y;
}
```

（13）函数：求两个无符号整型参数的最大公约数。

```
unsigned int f(unsigned m, unsigned n)
{
    unsigned y;
    if(m==0||n==0)
        y=m>n?m:n;                    //排除异常数据 0
    else if(m==1||n==1)
        y=1;                          //排除异常数据 1
    else
    {
        y=m<n?m:n;                    //从小数开始
        if(m%y!=0||n%y!=0)
        {
            y=y/2;                    //从小数的一半开始向下搜索
            while(m%y!=0||n%y!=0)
                y--;
        }
    }
    return y;
}
```

（14）函数：用递归函数求阶乘：f(m)＝m!。

```
double fac(unsigned m)
{
    double d;
    if(m==0)                          //结束递归的条件
        d=1.;
    else
        d=m * fac(m-1);               //递归调用本函数,参数变化了
    return d;
}
```

递归函数表达简单,容易理解,但执行效率低,占用内存多。

(15) 函数:根据下面的迭代公式编写自己的平方根函数 f(x),要求误差小于 1e-6。

$$y_0 = 1, \ y_{i+1} = (y_i + x/y_i)/2, \ \sqrt{x} = \lim_{i \to \infty} y_i$$

```
double f(double x)
{
    double y1=1,y2,e;
    if(x<0)
        y1=-1.;
    else
        do
        {
            y2=(y1+x/y1)/2;        //迭代
            e=fabs(y1-y2);         //迭代误差,注意绝对值函数不能少
            y1=y2;
        }while(e>=1e-6);
    return y1;
}
```

(16) 函数:根据下面的公式计算 π 的近似值,要求误差小于 1e-6。

$$\frac{\pi}{4} = 1 - \frac{1}{3} + \frac{1}{5} - \frac{1}{7} + \cdots$$

```
double f()
{   int i=3,sign=-1;
    double sum=1.,term;
    do
    {
        term=1./i;             //注意小数点不能少,否则 1 除以整数结果是 0
        sum+=sign*term;        //迭加
        sign=-sign;            //符号反号
        i+=2;
    }while(term>=.25e-6);      //注意公式中有四分之一,所以误差要相应变化
    return 4*sum;              //注意细节
}
```

(17) 函数:根据下面的公式计算 sin(x) 的近似值,要求误差小于 1e-6。

$$\sin(x) = x - \frac{x^3}{3!} + \frac{x^5}{5!} - \frac{x^7}{7!} + \cdots$$

```
double f(double x)
{   int n=1;
    double sum=x,term=x;
    do
    {
```

```
        term=-term*x*x/(n+1)/(n+2);          //迭代计算每一项
        sum+=term;                           //迭加
        n+=2;
    }while(fabs(term)>=1e-6);                 //绝对值函数不能少
    return sum;
}
```

(18) 程序：有本金 1000 元,3 年定期储蓄年利率 2.25%,计算 3 年后的本息合计。

```
#include<iostream>
#include<math.h>                   //需要指数函数 pow,所以要加上数学库头文件
using namespace std;
int main(void)
{
    doublecapital=1000.,rate=2.25/100,deposite;
    deposite=capital*pow(1+rate,3);    //掌握数学函数的使用
    cout<<deposite;
    return 0;
}
```

(19) 程序：输入字符串,然后将小写字符变为大写,大写变为小写。

```
#include<iostream>
using namespace std;
int main(void)
{
    int i=0;
    char c[100];                        //定义字符数组用于存放输入的字符串
    printf("\nInput a string : ");
    gets(c);                            //输入字符串,可以有空格
    while(c[i]!='\0')                   //判断是否到字符串结束
    {
        if('a'<=c[i]&&c[i]<='z')        //是否小写字符
            c[i]-=32;                   //变为大写
        else if('A'<=c[i]&&c[i]<='Z')   //是否大写字符,注意必须有 else
            c[i]+=32;                   //变为小写
        i++;                            //字符数组下表后移
    }
    puts(c);                            //输出字符串
    return 0;
}
```

（20）函数：参数是字符指针，删除其中的数字，并将小写 c 变为大写。

方法 1：

```
#include<iostream>
using namespace std;
void f(char * p)                    //函数的参数是字符指针
{
    char * p1=p;                    //定义一个指针找后续字符
    while(* p1!='\0')               //循环处理直到字符串结束
    {
        if(* p1=='c')              //如果是小写字母 c
        {
            * p= * p1-32;          //变为大写后复制到前面数字处
            p++;
            p1++;
        }
        else if(* p1<'0'&& * p1!='\0'|| * p1>'9')
        {   * p= * p1;             //非数字复制到前面数字处
            p++;
            p1++;
        }
        else if(* p1!='\0')        //是数字则不复制,指针后移
            p1++;
    }
    * p='\0';                      //最后加上字符串结束符号
}
int main(void)
{   char c[100];                   //定义字符数组用于存放输入的字符串
    printf("\nInput a string : ");
    gets(c);                       //输入字符串,可以有空格
    f(c);
    puts(c);                       //输出字符串
    return 0;
}
```

方法 2：

```
#include<iostream>
#include<string.h>               //用到串复制函数 strcpy,必须加上该头文件
using namespace std;
void f(char * p)                 //函数的参数是字符指针
{
    int i=0;
    char c[100], * p0=p;         //准备复制到该数组,定义一个指针保留初值
    while(* p!='\0')             //循环处理直到字符串结束
    {   if(* p=='c')             //如果是小写字母 c
```

```
        {    c[i]= * p-32;                  //变为大写后复制到字符数组
             i++;
        }
        else if('0'> * p|| * p>'9')     //如果不是数字
            {    c[i]= * p;               //复制到字符数组
                 i++;
            }
        p++;                             //字符指针下移
    }
    c[i]='\0';                           //字符数组加上字符串结束符号
    strcpy(p0,c);                        //将处理后的字符串复制回原指针指向的空间
}
int main(void)
{
    char c[100];                         //定义字符数组用于存放输入的字符串
    printf("\nInput a string : ");
    gets(c);                             //输入字符串,可以有空格
    f(c);
    puts(c);                             //输出字符串
    return 0;
}
```

(21) 函数:输入整型数组名及长度,按升序排序,由数组带回结果。(交换法)

```
#include<iostream>
using namespace std;
voidf(int * ,int);          //函数声明。函数定义在主函数后的,必须先声明
int main(void)
{
    inti,d[10]={4,7,0,1,9,5,2,8,3,6};   //原始数据
    cout<<"\nOriginal : ";
    for(i=0;i<10;i++)
        cout<<d[i]<<", ";                //显示原始数据
    f(d,10);                             //调用排序函数
    cout<<"\nAfter px : ";
    for(i=0;i<10;i++)
        cout<<d[i]<<", ";                //输出显示排序后的数据
    return 0;
}
void f(int * a,int n)                    //函数定义
{
    int i,j,m;
    for(i=0;i<n-1;i++)        //依次找出 n-1 个最小数、次小数……
        for(j=i+1;j<n;j++)    //j 是 a[i]后面的所有元素的下标
            if(a[i]>a[j])     //若后面大则交换,以使 a[i]始终比其后面的元素小
```

```
        {   m=a[i];
            a[i]=a[j];
            a[j]=m;
        }
}
```

3.3 C 语言程序设计中的常见错误

（1）编辑程序代码时，分号、括号、引号等符号在中文输入法状态下输入。
注意：编程时一定采用英文输入法状态，仅双引号内可以出现中文字符。
错误程序举例：

```
#include<iostream>
using namespace std;
int main(void)
{
    int a=1,b=2;          //逗号不对,应该是：,
    double d;             //分号不对,应该是：;
    d=a+b;
    return 0;
}
```

编译提示出错如图 3-1 所示。

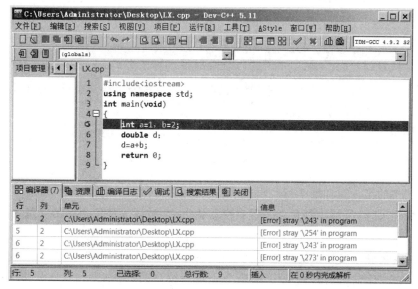

图 3-1 代码中使用了中文符号时编译错误提示

源程序第 5 行中的逗号和第 6 行中的分号均出现了中文符号。在 Dev-C++ 编辑器中，正确的符号显示为红色，错误的符号显示为黑色。

（2）关键字拼写错误。

注意：C 语言的关键字（保留字）请参见主教材附录 B，注意不能拼写错误。所有的关键字都是小写。C 语言是严格区分大小写的。

错误程序举例：

```
#include<iostream>
using namespace std;
int main(void)
{
    int a=1,b=2;
    Double d;                //关键字写错，应该是 double
    d=a+B;                   //B 与前面定义的变量不同，应为 b
    return 0;
}
```

编译提示出错如图 3-2 所示。

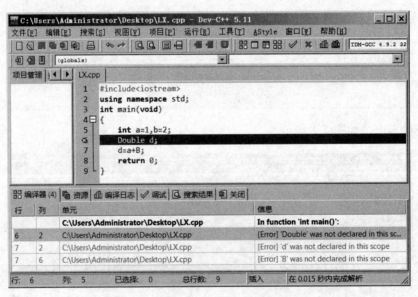

图 3-2 代码中关键字拼写错误编译错误提示

源程序中的第 6 行和第 7 行均出现了错误。在 Dev-C++ 编辑器中，关键字会自动呈现为红色加粗字体，符号为红色。关键字拼写错误，会被认为是未声明的变量名而提示未声明错误。

（3）格式化输入参数未使用地址。

注意：格式化输入函数 scanf() 的第 2 个及后续参数，要求是指针。如果不是，仍然可以编译通过并执行，但会中断，出现程序停止工作的提示如图 3-3 所示。

错误程序举例：

```
#include<iostream>
using namespace std;
int main(void)
{
    int a,b;
    scanf("%d",a);              //应为：scanf("%d",&a);
    b=a;
    cout<<b;
    return 0;
}
```

编译通过,运行时,输入 3 后出现程序停止工作提示,如图 3-3 所示。

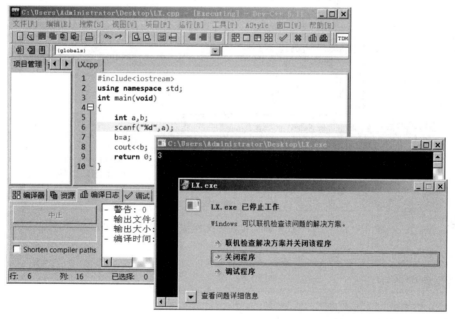

图 3-3　格式化输入函数的参数未正确使用地址时出错

在源程序的第 6 行格式化输入函数 scanf 的参数直接使用了整型变量 a,应该是 a 的地址 &a。

(4) 使用了库函数,但未将相应的头文件加到文件包含的伪指令中。

错误程序举例:

```
#include<iostream>
using namespace std;
int main(void)
{
```

```
    double x=4,y;
    y=sqrt(x);          //平方根函数在数学库中 math.h
    cout<<y;
    return 0;
}                        //应在文件头部加上#include<math.h>
```

该程序使用了求平方根函数 sqrt，它是数学库函数，如果不加上包含数学库的头文件，编译时会出现如图 3-4 所示的错误提示。

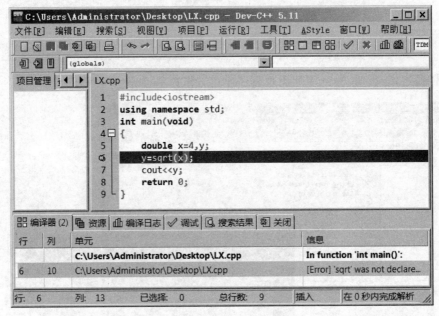

图 3-4 使用库函数未加上包含头文件伪指令时编译错误提示

(5) 单引号、双引号、括号、花括号未配对。

错误程序举例：

```
#include<iostream>
using namespace std;
int main(void)
{
    double x=4,y;
    if(x<0)
    {
        y=-x;
        cout<<y;
    return 0;
}
```

源程序中的所有单引号、双引号、括号、花括号都应成对出现,如有遗漏编译时会出现如图 3-5 所示的错误提示。

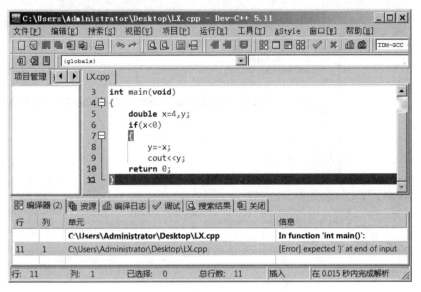

图 3-5　花括号未配对时编译错误提示

(6) 一句指令后面没有加上分号";"。

错误程序举例:

```
#include<iostream>
using namespace std;
int main(void)
{
    double x=4,y          //语句最后漏了分号
    if(x<0)
    {
        y=-x;
        cout<<y;
    }
    return 0;
}
```

每条语句(不一定是一行)最后必须有分号,如有遗漏,编译时可能显示是下一行出错,上面的错误程序编译错误提示如图 3-6 所示。

第 5 行语句漏了分号,编译提示第 6 行之前有错。

(7) 函数定义在被调用处后面,但前面又没有声明该函数。

所有的变量、自定义函数都需要先声明,后使用。

错误程序举例:

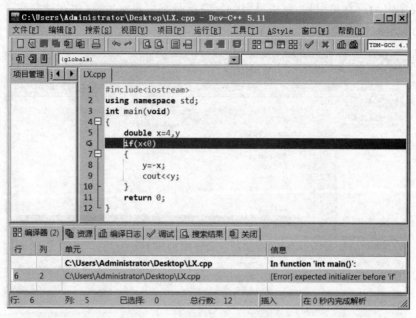

图 3-6　漏了分号时编译错误提示

```
#include<iostream>
using namespace std;
int main(void)
{
    double x=4,y;
    y=mySqrt(x);          //函数调用,但前面未声明,定义又在后面
    return 0;
}
double mySqrt(double x)
{
    return 2;
}
```

编译错误提示如图 3-7 所示,表示第 6 行的函数未声明。

(8) 程序中有多次输入,但是程序运行中前次输入在缓冲区留下了数据,影响后次输入。一般需要在下一句输入语句前加上 fflush(stdin);来先清除输入缓冲区。

错误程序举例:

```
#include<iostream>
using namespace std;
int main(void)
{
    int a;
    char c[100];
    cin>>c;          //未取完输入缓冲区
```

```
    cin>>a;            //难以得到期望的输入,可在前面加上 fflush(stdin);
    cout<<a;
    return 0;
}
```

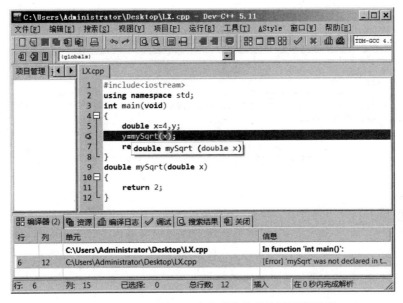

图 3-7　自定义函数调用在声明之前的编译错误提示

程序没有语法错误,但运行时,输入"Hello Y !"并按下回车键后,就显示 0 而无法输入整数了,如图 3-8 所示。

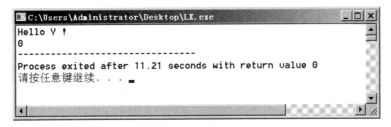

图 3-8　多次输入时未取完输入缓冲区导致输入出错

修改为下面的程序后可以得到期望的输入,运行结果如图 3-9 所示。

```
#include<iostream>
using namespace std;
int main(void)
{
    int a;
    char c[100];
    gets(c);           //输入字符串的最佳选择
    fflush(stdin);     //清除输入缓冲区
```

```
        cin>>a;
        cout<<c;
        cout<<a;
        return 0;
    }
```

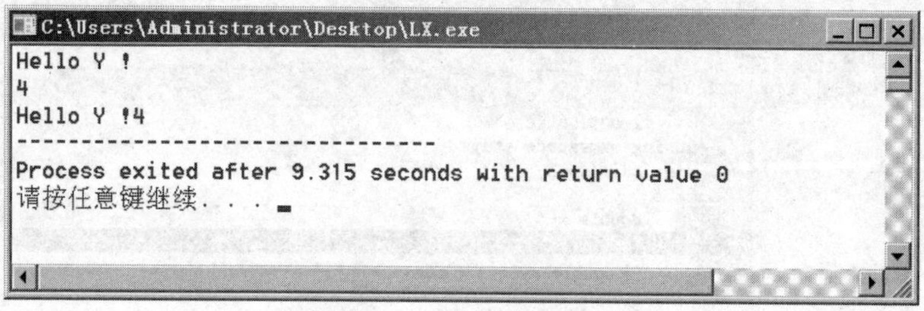

```
C:\Users\Administrator\Desktop\LX.exe
Hello Y !
4
Hello Y !4
--------------------------------
Process exited after 9.315 seconds with return value 0
请按任意键继续. . . .
```

图 3-9　正确的输入效果

(9) 整型变量数据溢出。

整型(int)变量只占 4 字节,双精度实型(double)变量占 8 字节,整型变量可表示的数据范围大约是 $-2.15 \times 10^9 \sim 2.15 \times 10^9$,双精度实型可表示范围大约是 $-1.7 \times 10^{308} \sim 1.7 \times 10^{38}$。在阶乘、指数等运算时,很容易超出整型变量表示范围。常见的表现就是正数加或乘运算应增大却变为了负数结果。此时应考虑采用双精度实型变量来存储结果。

错误程序举例:

```cpp
#include<iostream>
using namespace std;
int main(void)
{
    int i,fac=1;
    for(i=1;i<=18;i++)
    {
        fac*=i;
        cout<<i<<"!="<<fac<<endl;
    }
    return 0;
}
```

程序没有语法错误,运行结果如图 3-10 所示。

从计算结果可以看到,循环计算到 17! 时,结果变成了负数,这时是因为超出了整型变量的表示范围。

(10) 数组下标越界。

C 语言的数组元素,下标是从 0 开始,所以定义长度为 N 的数组,最后一个元素下标应为 N-1。超出下标界限后,编译并不检查出该出错,而是在运行中会出错。

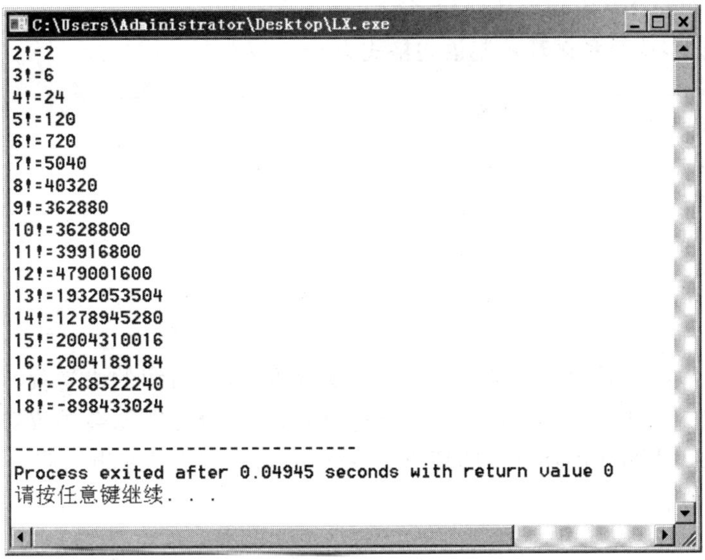

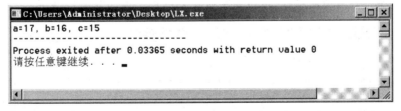

图 3-10　阶乘的计算结果

错误程序举例：

```
#include<iostream>
using namespace std;
int main(void)
{
    int a=1,b=2,c=3,d[5],i;
    for(i=0;i<8;i++)
        d[i]=10+i;
    cout<<"a="<<a<<", b="<<b<<", c="<<c;
    return 0;
}
```

程序没有语法错误，运行结果如图 3-11 所示。

图 3-11　数组引用时下标越界的赋值结果

从运行结果可以看到，变量 a、b、c 最初分别被赋值为 1、2、3，但数组 d 被越界赋值后，意外改变了其他变量的值，使变量 a、b、c 分别被错误修改为了 17、16、15。所以编程中引用数组元素应严格注意下标不要越界。

(11) if、while、for 语句的条件后多加了分号。

一般使用中,选择和循环控制语句格式为

```
if(条件)
    语句;              //选择结构
while(条件)
    语句;              //循环结构
for(初始化;条件;递增)
    语句;              //循环结构
```

每个括号后面都只能跟一条语句或一条复合语句,再后续的语句就不属于该选择或循环结构语句了。如果不小心,在括号后面直接加上了分号";",会导致选择结构根本未选择;while 循环成为死循环;for 循环成为空循环,出现严重的逻辑错误。

错误程序举例:

```
#include<iostream>
using namespace std;
int main(void)              //设程序目的是求 x 绝对值、x!、1+2+…+x
{
    int x,n,fac=1,sum=0;
    cout<<"x=";
    cin>>x;
    if(x<0);                //逻辑错,多了分号
        x=-x;
    n=1;
    while(n<=x);            //逻辑错,多了分号
        fac*=n;
    for(n=1;n<=x;n++);      //逻辑错,多了分号
        sum+=n;
    cout<<"|x|="<<x<<", x!="<<fac<<", 1+2+...+x="<<sum;
    return 0;
}
```

上面的程序没有语法错误,运行程序输入 3,得到结果如图 3-12 所示。

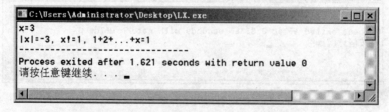

图 3-12　数组引用时下标越界的赋值结果

显然结果出错了。原因就是 3 个控制语句皆多了分号,选择结构"if(x<0);"导致后面的"x=-x;"并不属于选择结构,只会无条件执行;两个循环也是未循环执行后续语句。

第4章

习 题 解 答

本章是配套的主教材《程序设计基础》各章习题的解析和答案。

4.1 习题 1 解答

1.【解答】各题的二进制数对应的其他进制结果如表 4-1 所示。

表 4-1 不同进制整数的转换结果

二进制	十进制	八进制	十六进制
10	2	2	2
1011	11	13	B
01000111	71	107	47
01110111	119	167	77

2.【解答】各题的十进制数对应的其他进制结果如表 4-2 所示。

表 4-2 不同进制整数的转换结果

十进制	二进制	八进制	十六进制
34	100010	42	22
97	1100001	141	61
255	11111111	377	FF
256	100000000	400	100

3.【略】。

4.【解答】二进制小数后各位,从小数点起,分别表示 0.5,0.25,0.125,…所以,十进制数 3.625 转换为二进制,整数部分为 11,小数部分不断乘以 2 得到的整数即是转换结果:.101。故十进制数 3.625 转换为二进制数为 11.101。

5.【解答】二进制整数各位分别表示 2,4,8,…小数后各位,从小数点起,分别表示 0.5, 0.25,0.125,…所以,二进制数 10.11 的十进制数为 $1 \times 2^2 + 0 \times 2^0 + 1 \times 2^{-1} + 1 \times 2^{-2} = 2.75$。

4.2 习题 2 解答

1.【解答】

(1) 保留字　　　(2) 合法　　　(3) 数字开始　　　(4) 有小数点

(5) 保留字　　　(6) 合法　　　(7) 数字开始　　　(8) 有减号

2.【解答】核心是提高数据表示的效能：用尽可能少的空间,表示尽可能大的数据范围和尽可能高的数据精度。

3.【解答】不能。对于数值范围不大的整数计数、运算,整型反而精度高,有效位数多,占用空间少。实型表示数值范围大,能表示数值大或绝对值小的实数。

4.【解答】

(1) 0。因为两个整型数相除的结果仍然是整型,所以 1/2 的结果为 0。

(2) 0.5。因为整型和实型数据混合运算是先都转换为实型,所以 1/2. 的结果为 0.5。

(3) 3。因为实型数据赋值给整型变量是直接只取整数部分,所以直接为整数部分结果 3。

(4) 0。字符型变量将输出其值按 ASCII 码表示的字符,48 是字符'0'的 ASCII 码。

(5) 5,65,257,98。0b101 是二进制常量,0101 是八进制常量,0x101 是十六进制常量,所以输出它们的十进制形式得到此结果。字符型与整型混合运算,首先都转换为整型,结果也为整型,所以结果为 98。

5.【解答】本题程序的错误都是常量的表示违反语法规则问题(语法错误)。具体如表 4-3 所示。

表 4-3　程序及其错误分析

程　　序	错　　误
a=0192,	0 开始表示是八进制整数,不能出现 9
b=31a5,	默认是十进制数,不能出现 a,十六进制是 0x 开始
c=0b121;	0b 开始表示二进制数,不能出现 2
d1=.,	实型常数,小数点前后至少有一位有数,如 0. 或.0 均合法
d2=3.2e,	实型常数,e 后面必须有整数
d3=2e0.5,	实型常数,e 后面必须有整数
d4=.e2,	实型常数,e 前面必须有实数或整数
d5=e2;	实型常数,e 前面必须有实数或整数
ch1='ab',	单引号内为一个字符
ch2='\181';	该表达方式表示的是八进制 ASCII 码,不能出现 8

4.3 习题 3 解答

1.【解答】

（1）0。因为两个整型数相除的结果仍然是整型，所以 1/2 的结果为 0，后续乘以 4 仍然为 0。

（2）50。因为整型和实型数据混合运算是先都转换为实型，所以 4./8 的结果为 0.5，再乘以 100，结果为 50。

（3）−2。规定求余运算结果与被除数正负符号相同。

（4）1。逻辑运算的结果只有 0 或 1，而非零都认为是真，真和真的与运算结果仍然为真，即 1。

（5）0。位逻辑运算需要将操作数先写成二进制再分析，二进制数 10 和 01 的位与，结果为 0。

（6）2。同样是位逻辑运算，二进制数 10 和 110 的位与，结果为二进制数 10，即十进制数 2。

（7）1。逻辑运算的结果只有 0 或 1，而非零都认为是真，真参与或运算，结果都是真，即 1。

（8）3。位逻辑运算，二进制数 10 和 1 的位或，结果为二进制数 11，即十进制数 3。

（9）6。位逻辑运算，二进制数 10 和 110 的位或，结果为二进制数 110，即十进制数 6。

2.【解答】

（1）m%2==0，可判断出 m 是偶数。也可以是！m%2，但难以理解，不直观。

（2）n%2！=0，可判断出 n 是奇数。也可以是 n%2，但难以理解，不直观。

（3）3<x&&x<5。注意不能直接写成数学表达：3<x<5，这样会逻辑错误，因为这个逻辑表达式的结果永远都是 1。因为 3<x<5 相当于（3<x）<5，而 3<x 结果只可能是 0 或者 1，都小于 5。

（4）m&0x8001==0x8000。这时控制判断中常用的位判断方法，通过 1 的位与运算可以保留原值；而与 0 的位与将屏蔽该位为 0。

（5）a>0&&b>0&&c>0&&(a*a==b*b+c*c||b*b==c*c+a*a||c*c==a*a+b*b)。注意逻辑的严密和复杂逻辑的表达。

3.【解答】

（1）d%10。得到无符号整数的个位数。

（2）d%100/10 或 d/10%10。得到无符号整数的十位数。

（3）d%1000/100 或 d/100%10。得到无符号整数的百位数。

（4）d%8。得到无符号整数对应八进制数的个位数。

（5）d%64/8 或 d/8%8。得到无符号整数对应八进制数的次低位数字。

4.【解答】 本题程序的错误都是表达式或运算符不符合语法规定问题（语法错误），

具体如表 4-4 所示。

表 4-4 程序及其错误分析

程　序	错　误
d1＝4ac;	乘法运算必须写上运算符＊,应改为 d1＝4＊a＊c;
3＋＝a;	3 不是左值,不能在赋值语句的左边
d2＋d3＝d4;	赋值语句左边是表达式,不是左值
d2＋d3＝＝d4;	左边算术运算结果与 d4 比较,语法正确,逻辑不妥,实数比较相等反而易受误差影响,且比较结果在此没有意义
d5＝d1％2;	求余运算要求操作数是整型,而 d1 是实型
a＝d1＆4;	位逻辑运算要求操作数是整型,而 d1 是实型
d2＝d3＞＞3;	移位运算要求操作数是整型,而 d3 是实型

4.4　习题 4 解答

1.【解答】判断整数的奇偶性,一般根据除以 2 的余数来判断。注意分支判断时,if(n％2＝＝1),还可以写成 if(n％2),但不能写成 if(n％2＝1)。注意区别关系运算符＝＝和赋值运算符＝。

程序为

```
#include<iostream>
using namespace std;
int main()
{
    int n;
    cout<<"Please Enter n(integer):";
    cin>>n;
    if(n%2==1)
        cout<<n<<" is an odd.\n";
    else
        cout<<n<<" is an even.\n";
    return 0;
}
```

2.【解答】构成三角形三条边的充要条件是任意两条边长之和大于第三条边,C 语言表达式是(a＋b＞c)＆＆(a＋c＞b)＆＆(b＋c＞a),注意逻辑与运算符 ＆＆ 和逻辑或运算符‖的区别,以及算术运算符、关系运算符与逻辑运算符的优先级。

程序为

```
#include<iostream>
using namespace std;
int main()
{
    float a,b,c;
    cout<<"输入三条边长：";
    cin>>a>>b>>c;
    if((a+b>c)&&(a+c>b)&&(b+c>a)&&a>0&&b>0&&c> 0)
        cout<<"它们可以构成三角形\n";
    else
        cout<<"它们不能构成三角形\n";
    return 0;
}
```

3.【解答】

(1) 由于题意没有限制 x 的数据类型,所以 x 可以定义为整数类型(如 int 型),也可以定义为浮点数类型(如 double 型)。但 y 必须定义成浮点数类型(如 double 型),因为其中一个分段计算区间的 y 值是按 x/5 的分数进行计算。

(2) 上述代码中 x 定义为 int 型,这时需要注意:当 y 值按 x/5 的分数进行计算时,必须进行类型转换。一种方法是促成系统自动类型转换,如上述代码中的 y＝x/5.0,不能直接写成 y＝x/5。另一种方法是强制类型转换,如 y＝(double)x/5。

(3) 若将上述代码中的 x 定义为浮点数类型(如 double 型),则上述代码中的 y＝x/5.0 可以直接写成 y＝x/5。

(4) 不调用求绝对值函数时,计算一个数的绝对值的方法,如上述代码中计算 x 的绝对值:y＝(x>＝0?x:－x)。

程序为

```
#include<iostream>
using namespace std;
int main()
{
    int x;
    double y;
    cout<<"Input x:";
    cin>>x;
    if(x<5) y=(x>=0? x:-x);
    else if(x<20) y=3*x*x-2*x+1;
    else y=x/5.0;
    cout<<"x="<<x<<", y="<<y<<endl;
    return 0;
}
```

4.【解答】

（1）由于一元二次方程的系数 a、b、c 定义为 int 型，因此需要注意其中涉及分数计算时的类型转换，如-(double)c/b,(double)b/(2 * a)。

（2）要调用求绝对值函数 fabs()，需要在调用前先执行预编译命令♯include<math. h>。

（3）注意本题选择结构的算法逻辑：它是一个两层嵌套的选择结构。第一层的 if(a==0) … else …是一个双分支选择结构，其中的 if 分支嵌套的是一个单分支选择结构 if(b!=0) …，它须用{}括起来，以防止系统误将其与后续的 else 组成双分支选择结构，而导致逻辑错误。第一层双分支选择结构的 else 分支，则嵌套的是一个多分支选择结构 if(delta>0) … else if(delta==0) … else …。

（4）注意区别关系运算符==和赋值运算符=。为了防止误用这两个运算符，有经验的程序员会将上述代码中的比较运算 delta==0 写成 0==delta。因为，若误写成 delta=0，则是合法的赋值运算，但作为判断条件，却永远为"假"，不符合算法逻辑，造成不易发现的程序逻辑错误。若误写成 0=delta，则因为赋值运算符"="左边不是一个变量，出现语法错误，编译不能通过，系统会指出错误。

程序为

```
#include<iostream>
#include<math.h>
using namespace std;
int main()
{
    int a,b,c;
    double delta, p, q;
    cout<<"Enter a,b,c: ";
    cin>>a>>b>>c;
    if(a==0)
    {
        if(b!=0)
            cout<<"x="<<-(double)c/b<<"\n";
    }
    else
    {
        delta=b*b-4*a*c;
        p=-(double)b/(2*a);
        q=sqrt(fabs(delta))/(2*a);
        if(delta>0)
        {
            cout<<"x1="<<p+q<<"\n";
            cout<<"x2="<<p-q<<"\n";
        }
        else if(delta==0)
            cout<<"x="<<p<<"\n";
```

```
        else
            cout<<"没有实根\n";
    }
    return 0;
}
```

5.【解答】由于 switch 语句实现多分支选择结构的局限性,本题代码中,与税率等级转换点相关的 q 变量的设置是关键：q＝(int)s/1000。另外注意合理使用 break 语句实现其多分支的结构。本题也可以使用级联式 else if 语句完成。

程序为

```
#include<iostream>
using namespace std;
int main()
{
    int p,q;                              //q为收入转换的整千数
    double s,tax;
    cout<<"Please enter s(税前收入):";
    cin>>s;
    q=(int)s/1000;
    switch(q)
    {   case 0:
        case 1:
        case 2:
        case 3:
        case 4: p=0; break;
        case 5:
        case 6:
        case 7: p=5; break;
        case 8:
        case 9: p=10; break;
        case 10:
        case 11:
        case 12:
        case 13:
        case 14:p=20; break;
        default:p=30;
    }
    tax=s * p/100;
    s=s-tax;
    cout<<"纳税款: "<<tax<<endl;
    cout<<"税后收入: "<<s<<endl;
    return 0;
}
```

4.5　习题 5 解答

一、问答题

1.【解答】C 语言有 3 种循环结构形式,具体如下。

for(i=0;i<5;i++) { ··· }	while(e≥1e−5) { ··· }	do { ··· }while(e≥1e−5);
将初始化、判断、增量控制集中在一起。常用于计数循环	先判断,然后运行循环体。必须在此之前初始化,循环体中要修改循环控制变量。常用于条件控制的循环	先运行循环体,然后进行判断。必须在此之前初始化,循环体中要修改循环控制变量。常用于条件控制的循环

2.【解答】for 循环语句将初始化、判断、增量控制集中在一起,直观、清晰。常用于计数循环。

3.【解答】内外循环控制变量不要混淆,内循环不要修改外循环控制变量。

4.【解答】穷举算法是智能中穷尽搜索方法的实现,利用循环来逐一尝试解空间的解。迭代(递推)算法是利用数学上极限、级数展开的理论基础,逐步逼近求解目标,一般也是通过循环来实现。

5.【解答】C 语言有 break、continue、goto 这 3 个流程控制语句。

(1) break 语句不能单独使用,它只能用于 switch 语句和循环语句中。在 switch 语句中,break 语句的作用是提前终止执行 switch 语句。类似地,在循环语句中,break 语句的作用是提前终止执行循环语句。当在循环体中遇到 break 语句时,程序将跳出循环,从循环语句的下一条语句开始继续执行。

(2) continue 语句同样不能单独使用,它只能用于循环语句中。当在循环体中遇到 continue 语句时,程序将跳过 continue 语句后面尚未执行的语句,并开始尝试下一次循环。即只提前结束本次循环的执行,并不终止整个循环的执行。

(3) goto 语句后面是一个语句标号,标号是程序中本函数内在某条语句前的标识符,控制程序调整到该标识符处继续执行。在特定情况下,运用 goto 语句可以快速调整程序的执行流向,提高程序的执行效率。例如,goto 语句可以不受循环层次的限制,从一个多重循环结构中跳出循环。但也正因为 goto 语句跳转到标号语句这种方式所具有的随意性,使用 goto 语句很容易造成程序段之间形成“交叉”关系,破坏程序的结构,不利于程序的维护和调试。所以,应该限制性地使用或不用 goto 语句。

二、选择题

1. 答案:C

评析:

(1) for 语句与 while 语句一样,构造的循环都是一个当型循环。for(;表达式;)的形式与 while(表达式)二者完全等价,它们都是要先判断条件再确定是否执行循环体。for 循环既可以用于循环次数确定的情况,也可以用于循环次数不确定的情况。所以选项 A 和选项 B 的叙述是错误的。

(2) for、while 和 do while 这 3 种循环语句可以相互转换,也可以相互嵌套,所以选项 D 是错误的。

(3) 循环肯定是要依据条件来执行,不管哪种形式的循环语句,都必须保证可以从循环体内转到循环体外,否则就是一个错误的死循环。即使有 while(1)这样的语句,表面看循环条件永远为真,但在循环体内必然要有在某一时刻(某种条件下)将执行 break 语句或其他方式的语句,使循环能够结束。所以选项 C 是正确的。

2. 答案:A

评析:求解本问题的核心是要准确理解表达式 a<b<c 的计算特点,它是从左向右顺序完成的两个关系运算,先进行 a<b 的运算,结果只能是 0 或 1,再计算 0<c 或 1<c,才最后完成了 a<b<c 的计算,从而判断循环条件是否满足。

3. 答案:A

评析:

(1) 要准确理解 if(i%2){i++;continue;}的作用,它说明的是,当 i 为奇数时,i 自增 1,并跳过循环体内的后续语句到 while(i<7)处,判断是否能继续下一次循环。而 if(i%2){i++;continue;}后续的 i++ 和 s+=i 则是 i 为 0 或偶数时将被执行。因此,整个循环进程中,当 i 为 0 或偶数时,i 先自增 1,然后将 i 加入到 s 中,即 s=1+3+5+…。

(2) 注意循环结束的时刻,当 i 为 6 时,满足循环条件,循环继续,即继续执行 i++ 和 s+=i 的操作。

所以,s=1+3+5+7,循环结束 s 的值为 16。

4. 答案:C

评析:该循环的循环体是一个空操作。求解本问题的核心是要准确理解循环条件(y=123)&&(x<4),其中的 y=123 是一个赋值表达式,作为逻辑判断永远为"真",因此循环条件只需判断 x<4 是否满足即可。X 初值为 0,每次循环后 x++,所以该循环执行的次数是 4。

5. 答案:B

评析:求解本问题的关键是要准确理解 if(i%3==0) continue;的作用,它说明的是,当 i 为 3 的倍数时,跳过循环体内的后续语句"cout<<i;"。也就是说,当循环变量 i 不是 3 的倍数时,输出 i 的值。即循环过程中,依次输出 4、5、7、8、10。选项 B 是正确的。

6. 答案:C

评析:选项 C 中,仅以数学式子看,循环过程中 k 值不断地自增 1,循环条件 k>=0 永远满足。但对于计算机的存储变量 k,它能够存储的数据是一个有限大小的数据。k 是一个 int 型变量,当其不断地自增 1 到其能够存储的最大数后,将出现数据溢出到符号位而变成一个负数。继续自增 1 后,会出现 k 值为 0 的时刻,此时循环条件 k>=0 不满足,循环结束。所以选项 C 是正确的。

三、填空题

1. 答案：36

评析：while(n)，即循环条件是 n 不为 0。循环体中，k＊＝n％10，即 k＝k＊(n％10)；n/＝10，即 n＝n/10。

第一次循环时，k＝1＊(263％10)，k 值变为 3；n＝263/10，C 语言整数相除只能得整数，n 值变为 26。

第二次循环时，k＝3＊(26％10)，k 值变为 18；n＝26/10，n 值变为 2。

第三次循环时，k＝18＊(2％10)，k 值变为 36；n＝2/10，n 值变为 0，循环结束。

所以循环结束后，k 值是 36。

2. 答案：2＊x＋4＊y＝＝90 或 4＊x＋2＊y＝＝90

评析：若 x 代表鸡的数量，y 代表兔的数量，则答案是 2＊x＋4＊y＝＝90。若 y 代表鸡的数量，x 代表兔的数量，则答案是 4＊x＋2＊y＝＝90。

3. 答案：********♯(注意，有 8 个＊)

评析：i、j 的初值均为 4，每次 for 循环，i 自增 1，j 值不变。循环条件是 i＜＝2＊j，即 i＜＝8，所以该 for 语句总共循环 5 次。

循环体是一条 switch 语句，其中的 break 只作用于本层的 switch 语句，而不作用于外层的 for 循环，不会影响 for 语句的循环进程。switch(i/j)中的 i/j，当 i 在 4～7 时，其值总是 1，switch 语句执行 cout＜＜"＊＊"的操作。即在前 4 次循环中，共输出了 8 个＊。

最后一次循环时，i 值为 8，i/j 的值为 2，switch 语句执行 cout＜＜"♯"的操作。

第二次循环时，i/j 的值为 1，switch 语句执行 cout＜＜"＊＊"的操作，输出了两个＊。然后 i 自增 1 后变为 5。

所以该程序段最后的输出结果是********♯(有 8 个＊)。

4. 答案：

(1) cin＞＞c, c!＝'♯'

(2) c＞＝'0'＆＆c＜＝'9'

评析：由于 while 语句之前没有输入字符的操作，所以在 while(表达式)中的"表达式"需要有输入字符的操作：cin＞＞c，同时还要给出结束输入的条件：c!＝'♯'。于是，第(1)个空就是一个逗号表达式：cin＞＞c, c!＝'♯'。

第(2)个空是数字字符的判断条件：c＞＝'0'＆＆c＜＝'9'。注意区分整数 0～9 与数字字符'0'～'9'。

5. 答案：

(1) i＜＝9

(2) j％3!＝0 或 j％3

评析：根据循环体中的 j＝i＊10＋6，可以判断 j 代表被测试的数，i 是该数的十位上的数码，所以第(1)个空是 i＜＝9。循环体中的 if 语句要执行 continue，而跳过输出被测试的数 j，所以它的条件应该是 j 不能被 3 整除，即第(2)个空是 j％3!＝0 或 j％3。

6. 答案：

(1) j＝1

(2) k≤6

评析：依据 for(i＝0;i≤3;i＋＋)和 for(;j≤5;j＋＋),可以判断 i 代表红球,j 代表白球。依据 k＝8－i－j,可以判断 k 代表黑球。必须有白球,所以第(1)个空是 j＝1。取出的黑球不会超过 6 个,所以第(2)个空是 k≤6。

三、编程题

1.【**解答**】用 i、j、k 依次代表被累加数据项的 3 个连乘数(如 1＊2＊3),则 j＝i＋1, k＝i＋2。同时用 i 作为累加的循环进程控制量,则 i 的初值为 1,终值为 99,步进值为 2, 即 for(i＝1;i≤99;i＋＝2)。

程序为

```
#include<iostream>
using namespace std;
int main()
{
    int i,j,k,sum=0;
    for(i=1;i<=99;i+=2)
    {
        j=i+1;
        k=i+2;
        sum=sum+i*j*k;
    }
    cout<<"1*2*3+3*4*5+…+99*100*101="<<sum<<"\n";
    return 0;
}
```

2.【**解答**】用 u 代表被累加项 $1/n!$,而 $1/n!=1/((n-1)!*n)=(1/(n-1)!)*(1/n)$, 这里 $1/(n-1)!$ 代表的就是当前 u 的前一个 u,所以计算 u 的迭代式是 u＝u/n,计算 e 的迭代式则是 e＝e＋u。

程序为

```
#include<iostream>
using namespace std;
int main()
{
    double e=1.0;
    double u=1.0;
    int n    =1;
    while(u>=1.0e-6)
    {
```

```
        u=u/n;
        e=e+u;
        n=n+1;
    }
    cout<<"e="<<e<<" (n="<<n<<")"<<endl;
    return 0;
}
```

3. 【解答】求解本问题的关键一是每个数据项符号位的处理方法,二是每个数据项中分子分母的迭代规律,以及分数计算的类型要求。具体内容见代码中的相关注释。

程序为

```
#include<iostream>
using namespace std;
int main()
{
    int i,t,sign=1,m=2,n=1;        //sign 用于设置正负号,
                                   //m 代表分母,n 代表分子
    double u,sum=0;
    for(i=1;i<=20;i++)
    {
        u=sign * (double)m/n;      //or: t=sign * 1.0 * m/n;
        sum=sum+u;
        sign=-sign;                //每次循环改变正负号
        t=m,m=m+n,n=t;
        //当前的分子分母之和是后一项的分子,当前的分子是后一项的分母
    }
    cout<<"sum="<<sum<<endl;
    return 0;
}
```

4. 【解答】将一个 3 位数的个位、十位、百位上的数码取出来,再进行测试。然后测试下一个 3 位数,从 100 到 999,通过单层循环即可穷举测试完成。

程序为

```
#include<iostream>
using namespace std;
int main()
{
    int g,s,b;                     //g、s、b 分别代表个位、十位和百位上的数字
    int x;                         //x 表示一个 3 位整数
    for(x=100;x<=999;x++)
```

```
    {
      b=x/100;
      s=x%100/10;
      g=x%10;
      if(g*g*g+s*s*s+b*b*b==x)
            cout<<x<<endl;
    }
    return 0;
}
```

本题还有另外两种解法:(1)直接用个位、十位、百位上的数码作为三重循环的循环控制量,算法思路简洁可靠,但因循环嵌套的层次多,导致循环次数偏多。(2)同样也是将3位数的个位、十位、百位上的数码取出来,再进行测试。通过单层循环即可穷举测试完成。但取出某数位数码的方法更具有通用性:采用不断除以10然后求余,这样不限于3位数,对于任意位数的某个数,都可以用这种"移位求余"的规律(迭代法)来获取每位上的数码。

5.【解答】求解该题的核心是能运用"移位求余"的迭代规律获取某个数的每个数位上的数码。

程序为

```
#include<iostream>
using namespace std;
int main()
{
    int g,s,b;                    //g、s、b分别代表个位、十位和百位上的数字
    int num=0,x,y;                //x表示一个3位整数
    for(x=100;x<=999;x++)
    {
      y=x;
      g=y%10;
      s=(y=y/10)%10;
      b=(y=y/10)%10;
      if(g+s+b==11)
      {
            cout<<x<<' ';
            num++;
      }
    }
    cout<<endl<<"total: "<<num<<endl;
    return 0;
}
```

6.【解答】该题是一个典型的多重循环的穷举测试题，注意循环层级的合理设计和循环边界值的设置。

程序为

```cpp
#include<iostream>
using namespace std;
int main()
{
    int n10,n5,n1;                  //分别表示 10 元、5 元和 1 元纸币的数量
    cout<<"10 元币\t5 元币\t1 元币\n";
    for(n10=1;n10<10;n10++)
      for(n5=1;n5<20;n5++)
      {
            n1=50-n10-n5;
            if(10*n10+5*n5+n1==100)
          cout<<n10<<"\t"<<n5<<"\t"<<n1<<"\n";
      }
    return 0;
}
```

7.【解答】

(1) 外层的 for 循环用于穷举测试 1000 以内的所有整数 m，即 for(m=2;m<1000; m++)…

(2) 在外层循环的循环体内，首先通过一个循环，计算出当前的 m 的因子之和 s(不包括 m 自身)，接着通过 if(s==m)判断该数是否是"完数"，如果是，即输出"完数"的信息，并由内嵌于 if(s==m)语句的一个循环输出它的所有因子。

程序为

```cpp
#include<iostream>
using namespace std;
int main()
{
    int m,s,i;
    for (m=2;m<1000;m++)
    {
        s=0;                    //s 用于存储因子之和
        for (i=1;i<m;i++)
            if((m%i)==0)
                s=s+i;
        if(s==m)
        {
```

```
            cout<<m<<"- Perfect number, it's factors are: ";
            for(i=1;i<m;i++)
                if(m%i==0)
                    cout<<i<<" ";
            cout<<endl;
        }
    }
    return 0;
}
```

8.【解答】

（1）外层的 for 循环用于穷举测试 100～200 间的全部奇数 n。

（2）在外层循环的循环体内，测试当前的 n 是否是一个素数，如果是，即输出该数。

程序为

```
#include<iostream>
#include<math.h>
using namespace std;
int main()
{
    int n,k,i;
    for(n=101;n<200;n+=2)                //偶数肯定不是素数
    {
        k=int(sqrt(n));
        for(i=2;i<=k;i++)
            if(n%i==0) break;
        if(i>=k+1)
            cout<<n<<" ";
    }
    cout<<endl;
    return 0;
}
```

4.6　习题 6 解答

一、问答题

1.【解答】函数定义即详细描述函数的执行语句。函数调用即通过函数名和参数来跳转到函数定义处执行程序。函数原型是函数定义时的函数头，包括函数名、返回值类型、参数数量和类型。

2.【解答】是程序运行的入口。具体位置可以是任何位置。

3. 【解答】调用函数时,通过栈将实参数据传递给函数。同样,函数通过栈返回一个数据。需要注意调用时传递的是值而不是变量,函数中的局部变量与主调函数无关。

4. 【解答】封装性:局部变量、程序不受外部影响,仅通过参数、返回值传递数据,能较好地相互隔离,使函数功能相对完整、独立。程序的健壮性:出现异常输入、异常数据时,仍然能够处理,不至于陷入死循环或非法终止无法运行。

5. 【解答】递归是函数调用自己,递推是通过循环语句来逼近结果。执行过程都离不开循环,递归易理解、易编写程序;递推难理解、难找到递推关系。递归执行效率低、占用内存大。

6. 【解答】某变量可以被使用的程序块,称为该变量的作用域。一般分为局部变量和全局变量。存储类型分为动态变量和静态变量。它们相互有交叉。

7. 【解答】全局变量在整个程序中定义后各处可见,生命期直至程序运行结束。静态局部变量只在局部块中可见,生命期从第一次定义开始,直至程序运行结束,但块外不可见。

8. 【解答】模块化程序设计的核心是将复杂的任务分为多个任务模块来实现,主要是从解决问题的过程来考虑。结构化编码着重是在一个块中按完成任务的过程来编写代码实现。

9. 【解答】是包含命令,作用是将一些库函数声明等文件包含到本文件中。

二、选择题

1. 答案:B

评析:C语言的标识符区分大小写,一个C语言程序无论包含多少个函数,它总是从main()函数开始执行,并在main()函数中结束。所以选项B是正确的。

2. 答案:D

评析:C语言的每一个函数都是平等的,函数的位置可以任意。所以选项D是正确的(但需注意函数声明的要求)。

3. 答案:A

评析:C语言语法规定,函数不能重复定义也不能嵌套定义,函数可以嵌套调用。所以选项A正确。

4. 答案:D

评析:函数声明即函数的首部,包括函数类型、函数名和函数参数,不包括函数体,所以本题答案是选项D。

5. 答案:D

评析:局部变量局部有效,在复合语句中定义的变量只能在复合语句中有效。所以本题答案是选项D,它的说法是不正确的。

6. 答案:B

评析:C语言语法规定,当一个函数无返回值时,函数的类型应定义为void。

7. 答案:C

评析:在C语言中函数返回值的类型,是由定义该函数时所指定的函数类型决定的。

当 return 语句中的表达式类型与函数类型不一致时,系统将自动将其转换为函数类型。所以本题答案是选项 C。

8. 答案:C

评析:C 语言中,在表达式可以存在的任何地方都可以进行函数调用。所以本题答案是选项 C,它的叙述是错误的。其他 3 个有关 return 语句的叙述是正确的,但从结构化程序设计的角度看:函数中间不宜有 return 语句,应该只在函数结尾才能有一条 return 语句,从而保证函数从第一条语句执行到最后一条语句。

9. 答案:B

评析:C 语言语法规定,在函数中未指定存储类型的变量,其隐含存储类型为自动(auto)类型。

三、填空题

1. 答案:

(1) 函数首部(函数头)

(2) 函数体

评析:C 语言的函数定义,包括函数首部(函数头)和函数体两个部分。

2. 答案:

(1) 声明(定义)

(2) 执行

评析:C 语言语法规定,在函数体中或某个{}包围的语句块中,变量声明(定义)语句必须集中在前面,之后是执行语句。

3. 答案:

(1) main()

(2) main()

评析:一个 C 语言程序无论包含多少个函数,它总是从 main()函数开始执行,并在 main()函数中结束。

4. 答案:main()

评析:C 语言的每一个函数都是平等的,函数的位置可以任意。但需注意函数必须先声明后被调用的要求。同时,一个程序总是从 main()函数开始执行,并在 main()函数中结束。

5. 答案:

(1) 主调

(2) 被调

评析:该题是有关主调函数和被调函数的概念。除了注意区分主调函数和被调函数的概念,还要注意区分主函数与主调函数的概念,主函数是指 main()函数,main()函数肯定是主调函数。

6. 答案:

(1) 动态/静态

（2）静态/动态

评析：该题是有关动态/静态存储方式的概念。在静态存储区存储的变量永久生存，在动态存储区存储的变量动态生存（在其所在函数调用时，系统临时分配存储空间，函数调用结束即释放其空间）。

四、改错题

答案：

错误程序	改正
```void add(float a,float b) { float c; c=a+b; return c; }```	```float add(float a,float b) { float c; c=a+b; return c; }```

评析："return c;"说明函数调用结束要求返回变量 c 的值，所以函数类型应该与变量 c 一致，即 float add(float a,float b)。

五、程序填空题

1.【解答】补充后的程序：

```
#include<iostream>                                    //补充的
using namespace std;                                  //补充的
int isLeap(int year);                                 //补充了函数声明
int main(void)
{
    int year;
    cout<<"Please input year : ";
    cin>>year;
    if(isLeap(year))                                  //补充了条件
      cout<<year<<" is a leap year."<<"\n";
    else
      cout<<year<<" is not a leap year."<<"\n";
    return 0;
}
int isLeap(int year)                                  //补充了返回值类型
{
    return (!(year%4)&&(year%100)||!(year%400));      //补充了表达式
}
```

评析：

（1）判断闰年的 isLeap(int year) 函数，其定义在 main() 函数之后，所以在 main() 函数调用该函数前必须先要声明，所以第（1）个空是该函数的声明语句：int isLeap(int)。

（2）main() 函数中的 if() 是要判断是否是闰年，所以其条件式就应该是判断闰年的函数调用，即第（2）个空是 isLeap(year)。

（3）isLeap() 函数定义中的 return，需要给出闰年判断的表达式，所以第（3）个空是 year%4==0&&year%100!=0||year%400==0。

2.【解答】补充后的程序：

```
double pow(int x,int y)
{
    double j;
     for(j=1; y>0; y--)        //此处补充了3个空
       j=j*x;
     return (j);
}
```

评析： 从修改前的 pow 函数代码可知，该函数的功能是计算 x^y，它通过迭代式 j=j*x 实现循环 y 次的连乘 x 的操作，结果存放在 j 中。

修改后的 pow 函数，算法思路基本不变，同样是要通过迭代式 j=j*x 实现循环 y 次的连乘 x 的操作，结果存放在 j 中。但因 for 循环前，j 没有赋初值，所以第（1）个空要给 j 赋初值，即 j=1。又因为循环进程控制取消了 i 变量，所以要借助于 y 本身实现循环进程控制，让 y 从参数起始值开始，以 y-- 的递减方式，使 y 递减到 1 为止，即可实现循环 y 次的连乘 x 的操作。所以第（2）个空是 y>=1 或 y>0，第（3）个空是 y--。

六、分析题

1.【解答】程序的运行结果如图 4-1 所示。

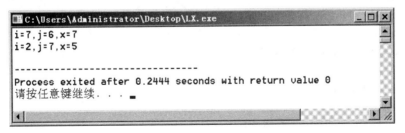

图 4-1　分析题 1 程序的运行结果

评析： 该题主要是考查对函数调用"实参-形参"单向传递的理解和局部变量局部有效的理解。

2.【解答】程序运行结果为：15,12,20

评析： myswap(int a, int b) 函数的形参是简单变量，函数调用时，"实参-形参"是单向传递,形参变量本身值的改变,不会对实参变量产生影响。所以 myswap()的任何调用,对主调函数的实参没有任何影响,x、y、z 的值没有变化。

3.【解答】程序运行结果为:817

评析:求解本问题的关键是理解静态局部变量永久生存、局部有效的特点和阅读程序的技巧。func()函数中的变量 m 和 i 是静态局部变量,它们是在程序加载时就被定义并永久生存,所以 static int m=0,i=2;语句是在程序加载时就实现了变量定义。阅读程序时,只应在第一次函数调用时明确它的初值,其后的函数调用时,需要忽略该语句(但要明确其后的 m 和 i 是已经存在的静态变量),只理解其后语句的执行即可。

main 函数中,第一次 p=func(k,m)的函数调用,将实参 k 和 m 的值(4 和 1)分别传递给形参 a 和 b,func()函数中的静态变量 i 和 m 的初值为 2 和 0,经过 i+=m+1 和 m=i+a+b 的运算后,i 和 m 的值变为 3 和 8,函数返回 m,即此时 p 值为 8,输出 8。

main 函数中,第二次 p=func(k,m)的函数调用,还是将实参 k 和 m 的值(仍然是 4 和 1)分别传递给形参 a 和 b,此时 func()函数中的静态变量 i 和 m 的值为前次调用结束时的值:3 和 8,经过 i+=m+1 和 m=i+a+b 的运算后,i 和 m 的值变为 12 和 17,函数返回 m,即此时 p 值为 17,输出 17。

所以,程序最后的输出结果是 817。

七、编程题

1.【解答】知道了辗转相除法,就不难写出这两个求最大公约数和最小公倍数的函数,也可以直接按最大公约数和最小公倍数的定义写出相应函数。

程序为

```cpp
#include<iostream>
using namespace std;
int hcf(int,int);              //函数声明:求最大公约数
int lcd(int,int,int);          //函数声明:求最小公倍数
int main()
{
    int u,v,h,l;
    cout<<"请输入两个整数:";
    cin>>u>>v;
    h=hcf(u,v);
    l=lcd(u,v,h);
    cout<<"它们的最大公约数是:"<<h<<endl;
    cout<<"它们的最小公倍数是:"<<l<<endl;
    return 0;
}
int hcf(int u,int v)
{
    int t,r;
```

```
    if (v>u) t=u,u=v,v=t;
    while((r=u%v)!=0) u=v,v=r;            //辗转相除法
    return v;
}
int lcd(int u,int v,int h)
{ return(u * v/h); }
```

2.【解答】该题的算法非常简单,主要是考查对函数定义与函数调用的基本理解。
程序为

```
#include<iostream>
using namespace std;
const double PI=3.14159;
double girth(double r)                //计算圆的周长
{
    return r * 2 * PI;
}
double area(double r)                 //计算圆的面积
{
    return r * r * PI;
}
int main()
{
    double r;
    cout<<"请输入半径(r): ";
    cin>>r;
    cout<<"圆周长: "<<girth(r)<<endl;
    cout<<"圆面积: "<<area(r)<<endl;
    return 0;
}
```

3.【解答】该题主要是考查函数模块的合理设计及对函数定义与函数调用的基本
理解。
程序为

```
#include<iostream>
using namespace std;
const float PI=3.1415926f;
float cylinderVolume(float radius,float height);           //函数声明
float deSize(float outer,float inner,float height);        //函数声明
int main()
{
```

```
    float outerEdge, innerEdge, height;
    cout<<"空心圆柱体的外半径: ";
    cin>>outerEdge;
    cout<<"空心圆柱体的内半径: ";
    cin>>innerEdge;
    cout<<"空心圆柱体的高度: ";
    cin>>height;
    cout<<"空心圆柱体的体积是: ";
    cout<<deSize(outerEdge,innerEdge,height)<<endl;
    return 0;
}
float cylinderVolume(float radius,float height)          //计算圆柱体体积
{
    return radius * radius * PI * height;
}
float deSize(float outer,float inner,float height)       //计算空心圆柱体
{
    float outerSize=cylinderVolume(outer,height);
    float innerSize=cylinderVolume(inner,height);
    return outerSize-innerSize;
}
```

4. 【解答】该题主要是考查对函数作为独立通用模块意义的理解,以及对函数定义与函数调用的基本理解。

在 isPrime() 函数的实现代码中,也可以通过多个返回语句而不使用 prime 变量和 break 语句,例如:

```
int isPrime(int n)
{
    int i,k;
    k=(int)sqrt(n);
    for(i=2;i<=k;i++)
        if(n%i==0)  return 0;
    return 1;
}
```

这样的函数代码,其中的 return 语句不止一个,也就是说,函数的出口不止一个。虽然语法上允许函数代码可以有多个 return 语句,以便在特殊情况下提高算法的执行效率。但从模块化、结构化程序设计的角度看,它违反了结构化程序"单入口、单出口"的基本原则。在基本不影响系统算法效率的前提下,则应该优先以结构化程序的基本原则来建立更好结构的程序。

程序为

```
#include<iostream>
#include<math.h>
using namespace std;
int isPrime(int n);                    //函数声明,判断是否素数
int main()
{
    int n,k,i;
    for(n=101;n<200;n+=2)              //其中的偶数肯定不是素数
    {
        if(isPrime(n))
            cout<<n<<" ";
    }
    cout<<endl;
    return 0;
}
int isPrime(int n)                     //函数定义
{
    int prime=1;                       //先假设为素数
    int i,k;
    k=(int)sqrt(n);
    for(i=2;i<=k;i++)
        if(n%i==0){ prime=0; break; }
    return prime;
}
```

5.【解答】将 x 和 y 两个正整数简单连接成一个新的整数(x_y),基本思路如下。

(1)依据 y 的数码位数,使 x 的原数后面添加相应数量的 0,添加一个 0,即乘以 10,再添加一个 0,即再乘以 10,……。对应的代码为 while(y=y/10) n=n*10;。

(2)将以上方法形成的新数,与原来的 y 值相加,就实现了将 x 和 y 两个正整数简单连接成一个新的整数。对应的代码:z=x*n+z。

程序为

```
#include<iostream>
using namespace std;
int intcat(int x,int y);                    //函数声明
int main()
{
    int x,y;
    cout<<"Enter x,y: ";
    cin>>x>>y;
    cout<<"The new number is "<<intcat(x,y);
```

```
        return 0;
    }
    int intcat(int x,int y)
    {
        int n=10,z=y;
        while(y=y/10) n=n*10;
        z=x*n+z;
        return z;
    }
```

6.【解答】判断回文数的算法思路,从下面代码的注释中可以明确。

程序为

```
#include<iostream>
using namespace std;
int main()
{
    int symm(long n);                //函数声明
    long m;
    for(m=11; m<1000; m++)
    if(symm(m)&&symm(m*m)&&symm(m*m*m))
        cout<<"m="<<m<<"   m*m="<<m*m<<"   m*m*m="<<m*m*m<<endl;
    return 0;
}
int symm(long n)                     //返回值1表示n是回文数,0表示不是
{
    long i,m;
    i=n; m=0;
    while(i)                         //除以10后不为0则继续循环
    {
        m=m*10+i%10;                 //取出当前i的个位数并反序构成新的数
        i=i/10;
    }
    return(m==n);
}
```

7.【解答】递归函数的描述简单易懂,但需要注意它的代码结构是一个选择结构的
程序,注意与递推算法循环结构代码的区别,以及算法效率的差异。

程序为

```
#include<iostream>
using namespace std;
double getPower(int x,int y);                //函数声明
```

```
int main()
{
    int x,y;
    double z;
    cout<<"Enter x,y: ";
    cin>>x>>y;
    z=getPower(x,y);
    cout<<x<<"^"<<y<<"="<<z<<"\n";
    return 0;
}
double getPower(int x,int y)
{
    double f;
    if(y==1) f=x;
    else f=x*getPower(x,y-1);
    return f;
}
```

8.【解答】求解该题的关键是理解"移位求余"的迭代规律,从一个数的最低位逐一获取每个数码的方法,对应的代码:n%10 求余得到个位数码,n/=10 则使原来的十位数码变成个位数码。然后再反向乘以 10,以 k=k*10+n%10 的方法组成逆序的数。

程序为

```
#include<iostream>
using namespace std;
int reverse(int n);                          //函数声明
int main()
{
    int n;
    cout<<"Enter n: ";
    cin>>n;
    cout<<"The new number is "<<reverse(n);
    return 0;
}
int reverse(int n)
{
    int sign=1,k=0;
    if(n<0) n=-n,sign=-1;
    do
    {
        k=k*10+n%10;n/=10;
    }while(n);
    return sign*k;
}
```

9.【解答】本题的主要目的是反映对自定义函数的定义与调用,以及系统函数的调用方法(先要有相应的预编译命令)。

程序为

```
#include<iostream>
#include<math.h>
using namespace std;
double fac(int);                           //函数声明
int main ()
{
    double s=1.0, u=1.0;
    int x,n=1;
    cout<<"Enter x: ";
    cin>>x;
    while(u>=1.0e-6)
    {
        u=pow(x,n)/fac(n);
        s=s+u;
        n=n+1;
    }
    cout<<"e^"<<x<<"="<<s<<endl;
    return 0;
}
double fac(int n)
{
    double f=1;
    if(n<0)
        f=-1;
    else
        for(;n>1;n--) f=f*n;               //求 n!
    return f;
}
```

10.【解答】本题分别用递推法和递归法计算输出 Fibonacci 数列。注意比较递推法和递归法的代码结构,递推法是循环结构,递归法是选择结构。递归法的思路简单易懂、代码实现简洁易行,但其算法效率远低于递推法。具体的算法思路,在下面的代码注释中进行了说明。

递推算法程序为

```
#include<iostream>
#include<iomanip>
using namespace std;
```

```
void number_fibonacci(int n)          //递推算法
{
    long f,f1=1,f2=1;
    int i;
    cout<<setw(12)<<f1<<setw(12)<<f2<<endl;
    for(i=3;i<=n;i++)
    {
      f=f1+f2;                         //求新的项
      f1=f2;                           //当前的第 2 项将是下一次求解用的第 1 项
      f2=f;                            //当前得到的新项将是下一次求解用的第 2 项
      cout<<setw(12)<<f;
      if(i%2==0)
          cout<<endl;
    }
}
int main()
{
    int n;
    cout<<"输入要求显示的 Fibonacci 数列的项数: ";
    cin>>n;
    number_fibonacci(n);
    return 0;
}
```

递归算法程序为

```
#include<iostream>
#include<iomanip>
using namespace std;
long fibonacci(int n)                          //递归算法
{
    long f;
    if(n<0) f=-1;
    else if(n==0) f=0;
    else if(n==1) f=1;
    else
        f=fibonacci(n-1)+fibonacci(n-2);       //递归是调用自己,易理解
    return f;
}
int main()
{
    int m,n,i;
    cout<<"输入要求显示的 Fibonacci 数列的项数范围(m~ n): ";
    cin>>m>>n;
```

```
    for(i=m;i<=n;i++)
    {
        cout<<setw(12)<<fibonacci(i);
        if(i%2==0)
            cout<<endl;
    }
    return 0;
}
```

11.【解答】本题的主要目的是理解以函数为模块的"自顶向下、逐步求精"的模块化程序设计的基本方法。

第一步的总体解题思路是如果知道了"指定日期距离 2000 年 1 月 1 日的天数"（totalDay），即可以 5 天为一个周期划分"三天打鱼两天晒网"。main()函数中的 result＝totalDay％5 以及 if(result＞0＆＆result＜4)…语句，反映的就是该思路。

第二步就是设计如何计算"指定日期距离 2000 年 1 月 1 日的天数"，即函数 int countDay(int year, int month, int day)。

日期天数的计算，涉及平年与闰年问题，所以先要写出判断闰年的函数：int isLeap(int year)。

countDay()函数定义中使用了代表平年每月天数的数组。若还没学习数组，也可以不使用数组。

程序为

```
#include<iostream>
using namespace std;
int isLeap(int year);                          //函数声明,判断闰年
int countDay(int year, int month, int day);    //函数声明
int main()
{
    int year, month, day;                      //存放日期
    int totalDay;                              //相隔天数
    int result;                                //totalDay 对 5 求余的结果
    cout<<"Please input year,month,day: ";
    cin>>year>>month>>day;
    totalDay=countDay(year,month,day);
    result=totalDay%5;                         //三天打鱼或两天晒网
    if(result>0&&result<4)
        cout<<"今天打鱼";
    else
        cout<<"今天晒网";
    return 0;
}
int isLeap(int year)
{
```

```
    int y_or_n;
    if(year>0)
        y_or_n=(year%4==0&&year%100!=0||year%400==0);
    else
        y_or_n=-1;
    return y_or_n;
}
int countDay(int year, int month, int day)          //计算间隔天数
{
    int perMonth[13]={0,31,28,31,30,31,30,31,31,30,31,30,31};
    int i, totalDay=0;
    for(i=2000;i<year;i++)
    {
        if(isLeap(i))
            totalDay=totalDay+366;
        else
            totalDay=totalDay+365;
    }
    if(isLeap(year))
        perMonth[2]+=1;
    for(i=1;i<month;i++)
        totalDay+=perMonth[i];
    totalDay+=day;
    return totalDay;
}
```

12.【解答】本题的主要目的也是理解以函数为模块的"自顶向下、逐步求精"的模块化程序设计的基本方法。具体算法分析参见本书 2.9 节实验九的程序。

4.7 习题 7 解答

一、问答题

1.【解答】数组是具有相同数据类型、设定相同的变量名、连续存放、下标不同的一组变量。数组可以在定义时对整个数组初始化。

2.【解答】第一个元素的下标是 0。

3.【解答】第一个下标表示行数、第二个表示列数,存储时先存储第一行元素,然后是第二行元素。

4.【解答】一维数组的数组名是数组第一个元素的内存地址,这样用数组名作函数参数,实际是传地址,可以通过地址所指的内存将多个结果带回主调函数。

5.【解答】必须指定列数。

6.【解答】选择法是通过比较依次选择最大数位置,然后交换。冒泡是依次比较相邻的数并交换,使最大数冒出。冒泡可以提前结束。

7.【解答】折半查找的前提是对象是有序数列。每次与中间数据比较,快速缩小范围,使比较运算的次数从 n 降低为 $\log_2 n$。

8.【解答】字符串是常量,结尾以'\0'表示。字符数组是变量,可以存放字符串。可以在定义时初始化。

二、选择题

1.【解答】A

评析:C 语言语法规定,定义数组时,各维的长度必须是整型常量或整型常量表达式。所以本题答案是选项 A。

2.【解答】C

评析:依据 C 语言语法规定,本题 4 个数组定义的方式,只有选项 C 是正确的。

3.【解答】D

评析:数组元素的下标必须是一个整型量,且不能超界使用。选项 A,下标超界引用了,所以错误。选项 B,下标使用了浮点数,所以错误。选项 C,没有使用下标,不代表数组元素。选项 D,下标使用了表达式 10−10,代表了 a[0]元素,正确。

4.【解答】B

评析:依据 C 语言语法规定,二维数组定义并初始化时,第一维的长度可以缺省,但不能省略第二维的长度。所以本题的答案是选项 B,它的二维数组定义格式是错误的。

5.【解答】C

评析:字符串有一个串结束符'\0'(即 0),字符数组的主要作用就是存储可变字符串。依据 C 语言语法规定,一维数组定义并初始化时,可以默认数组长度,数组长度依据初始化元素的个数确定。所以选项 A 和选项 D 都是正确的字符串赋初值的方式。选项 B,数组长度大于显式初始化元素的个数,其他元素系统自动赋 0 值,0 即是串结束符,所以选项 B 也是正确的字符串赋初值的方式。选项 C,是在数组定义之后,再将一个字符串赋值给数组名。但数组名是一个常量指针,常量是不能改变的,不允许对它重新赋值。所以选项 C 的字符串赋初值的方式是错误的。因此本题的答案是选项 C。

三、分析填空题

1. 若输入数据如下:

3 1 2 3 2 2 2 1 1 3 3 3 3 3 1 1 2 2 3 2 1 2 3 2 −1<Enter>

输出结果是_____。

【解答】如图 4-2 所示。

评析:程序运行中,输入的若干个数据仅限于 1、2、3 这 3 个整数,并以−1 结束输入操作。第一个 for 循环,将 a[1]、a[2]、a[3]元素清零。接着的 while 循环,以输入的数据 x 作为元素下标,使该元素的值自增 1,也就是说 a[x]元素记录的是输入 x 这个数的数

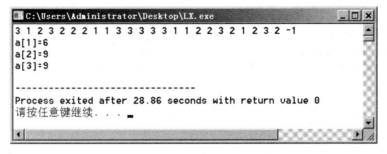

图 4-2　分析填空题 1 程序的运行结果

量,a[1]记录的是输入 1 的数量,a[2]记录的是输入 2 的数量,a[3]记录的是输入 3 的数量。统计输入数据的情况,输入 1、2、3 的数量分别是 6、9、9,所以 a[1]、a[2]、a[3]中的值分别是 6、9、9。最后的 for 循环就是输出 a[1]、a[2]、a[3]元素的信息。

2.【解答】

① 若给 x 输入 5,程序的输出结果是　 10 8 6 5 4 2 　。

② 若给 x 输入 15,程序的输出结果是　 15 10 8 6 4 2 　。

③ 若给 x 输入 10,程序的输出结果是　 10 10 8 6 4 2 　。

评析：依题意,第一个 for 循环,给 a[1]～a[5]元素输入了 10、8、6、4、2 这 5 个从大到小有序的整数。接着给变量 x 输入一个值。再在后续的 while 循环中,从最后的 a[5]元素开始,逐一将 x 与 a[i]元素比较,如果 x>a[i],则使 a[i]后移到 a[i+1]。循环结束,元素值比 x 小的元素全部顺序后移了一个位置。然后将 x 值放入当前元素中,也就是依据 x 的大小,将 x 插入到原来有序排列的数组中的相应位置。最后输出新的有序数组的每个元素。

3.【解答】填空为

```
#include<iostream>
#define MAX 10
using namespace std;
int main(void)
{
    int a[MAX][MAX], i, j;
     j=MAX;
     for(i=0; i<MAX; i++)
     {
      a[      ][i]=1;              //a[i][i]=1;
      a[i][      ]=1;              //a[i][MAX-i-1]
     }                            //两个对角线上元素置1
     for(i=1; i<MAX-1; i++)
      a[0][      ]=1;             //a[0][i]=1;
     for(i=1;i<MAX-1;i++)
      a[i][      ]=1;             //a[i][0]=1;
```

```
        for(i=MAX-2; i>0;              )          //i--
         a[MAX-1][              ]=1;              //a[MAX-1][i]=1;
        for(i=MAX-2; i>0;            )            //i--
         a[i][              ]=1;                 //a[i][MAX-1]=1;
        for(i=1; i<            ; i++)            //MAX-1
          for (j=1; j<        ; j++)             //MAX-1
             if (                   )            //i!=j
                a[i][j]=0;
        for(i=0; i<MAX; i++)
         {
           for(j=0;j<MAX;j++)
              cout<<setw(2)<<a[i][j];
                            ;                     //cout<<endl;
         }
        return 0;
}
```

评析：本题的主要目的是理解二维数组下标的表示方法。

四、编程题

1.【解答】程序为

```
#include<iostream>
using namespace std;
int main()
{
    int i,a[10],max,min,index_max,index_min;
    cout<<"Enter 10 integers:";
    for(i=0; i<=9; i++)
        cin>>a[i];
    max=a[0],index_max=0;
    min=a[0],index_min=0;
    for(i=1; i<=9; i++)
    {
        if(a[i]>max) max=a[i],index_max=i;
        if(a[i]<min) min=a[i],index_min=i;
    }
    cout<<"max="<<max<<","<<"index="<<index_max<<endl;
    cout<<"min="<<min<<","<<"index="<<index_min<<endl;
    return 0;
}
```

评析：

第一个 for 循环,给数组输入 10 个整数。

接着,通过 max＝a[0],index_max＝0;,先假定最开始的元素值最大,并记录其下标。通过 min＝a[0],index_min＝0;先假定最开始的元素值最小,并记录其下标。

然后通过第二个 for 循环,遍历整个数组,找出最大值的元素及其所在元素的下标和最小值的元素及其所在元素的下标。

2.【解答】程序为

```
#include<iostream>
#include<iomanip>
#define N 20
using namespace std;
void mk_fibonacci(long fib[],int n)          //递推法
{
    int i;
    fib[1]=1,fib[2]=1;
    for(i=3; i<=n; i++)
        fib[i]=fib[i-1]+fib[i-2];
}
int main()
{
    long fib[N+1];
    int i;
    mk_fibonacci(fib,N);                      //函数调用
    for(i=1; i<=N; i++)
    {
        cout<<setw(12)<<fib[i];
        if(i%2==0) cout<<endl;                //每输出 2 个换行
    }
    return 0;
}
```

评析：通过数组的方式存储 Fibonacci 数列的若干数据项,使 Fibonacci 数列的问题简单有效。

3.【解答】程序为

```
#include<iostream>
#define N 40
using namespace std;
//函数声明
int readScore(int score[]);
double average(int score[], int n);
```

```
int overAverage(int score[], int n);
int main()
{
    int score[N], n,num;
    double aver;
    n=readScore(score);                    //输入成绩,返回人数
    aver=average(score,n);                 //计算平均分
    num=overAverage(score, n);             //计算高于平均分的人数
    cout<<"Average score is "<<aver<<endl;
    cout<<"Num(over average): "<<num<<endl;
    return 0;
}
int readScore(int score[])                 //输入成绩
{
    int i=-1;
    cout<<"Input score:";
    do
    {
        i++;
        cin>>score[i];
    }while (score[i]>=0);                   //输入负值时结束输入
    return i;                               //返回学生人数
}
double average(int score[],int n)          //计算平均分
{
    int i,sum=0;
    for(i=0;i<n;i++)
        sum +=score[i];
    return n>0 ? 1.0 * sum/n : -1;
}
int overAverage(int score[],int n)         //计算高于平均分人数
{
    int num=0, i;
    double aver;
    aver=average(score,n);                  //函数调用,计算平均分
    for(i=0;i<n;i++)
        if(score[i]>aver)
            num++;
    return num;
}
```

评析：通过数组存储学生成绩数据,并建立以数组为形参的相关功能函数,可以把复杂问题简化,使整个问题的解决更加方便易行且有效。

4.【解答】 程序为

```cpp
#include<iostream>
#define MONTHS 12
using namespace std;
int main()
{
    int days[2][MONTHS]={ {31,28,31,30,31,30,31,31,30,31,30,31},
                          {31,29,31,30,31,30,31,31,30,31,30,31} };
    int year, month;
    do
    {
        cout<<"Input year,month:";
        cin>>year>>month;
    }while(month<1||month>12);                     //处理非法数据
    if((year%4==0&&year%100!=0)||(year%400==0))     //闰年
        cout<<"The number of days is "<<days[1][month-1];
    else
        cout<<"The number of days is "<<days[0][month-1];
    return 0;
}
```

评析：通过二维数组存储平年、闰年各个月份的天数，方便程序对有关日期问题的处理。

5.【解答】 程序为

```cpp
#include<iostream>
#define M 3
#define N 4
using namespace std;
int arr_sum(int arr[M][N]);                        //函数声明
int main()
{
    int a[M][N]={1,2,3,4,5,6,7,8,9,10,11,12};
    cout<<"arr_sum="<<arr_sum(a)<<endl;            //函数调用
    return 0;
}
int arr_sum(int arr[M][N])
{
    int sum=0,i,j;
    for(i=0;i<M;i++)
        for(j=0;j<N;j++)
            sum=sum+arr[i][j];
```

```
        return sum;
}
```

评析：独立功能的处理过程应该写一个独立的函数。上述代码包含一个求二维整型数组全部元素之和的独立函数：int arr_sum(int arr[M][N])，它使整个程序的结构更简洁合理。但直接用二维数组作形参，函数的通用性受到限制，它不能处理任意行、列的二维数组。若借助于一维数组，以一维数组作形参来处理二维数组的问题，可以建立独立通用的函数。

6.【解答】程序为

```
#include<iostream>
#define N 3
using namespace std;
int arr_xsum(int arr[N][N]);                        //函数声明
int main()
{
    int a[N][N]={1,2,3,4,5,6,7,8,9};
    int i,j;
    for(i=0;i<N;i++)                                //输出数组元素
    {
        for(j=0;j<N;j++)
            cout<<a[i][j]<<' ';
        cout<<endl;
    }
    cout<<endl<<"arr_xsum="<<arr_xsum(a)<<endl;      //函数调用
    return 0;
}
int arr_xsum(int arr[N][N])
{
    int i,sum=0;
    for(i=0;i<N;i++)
        sum=sum+arr[i][i]+arr[i][N-1-i];
    if(N%2)    sum=sum-arr[(N-1)/2][(N-1)/2];        //若为奇数行数组
    return sum;
}
```

评析：上述代码包含一个对矩形方阵进行处理的独立函数：int arr_xsum(int arr[N][N])，它使整个程序的结构更简洁合理。但直接用二维数组作形参，函数的通用性受到限制，它不能处理任意行、列的矩形方阵。若借助于一维数组，以一维数组作形参来处理矩形方阵的问题，可以建立独立通用的函数。

7.【解答】程序为

```
#include<iostream>
using namespace std;
int binary(int v[],int n,int x);                    //函数声明,折半查找
int main()
{
    int i,v[10],x,find=-1;
    cout<<"升序输入 10 个整数: "<<"\n";
    for(i=0;i<10;i++)
        cin>>v[i];
    cout<<"Enter x to look for: ";
    cin>>x;
    find=binary(v,10,x);                            //函数调用
    if(find!=-1)
        cout<<x<<" been found. Its position is "<<find+1<<endl;
    else
        cout<<"? T'? êy"<<endl;
    return 0;
}
int binary(int v[],int n,int x)                     //折半查找,长度 n,找 x
{
    int low,high,mid,find=-1;                       //find=-1 表示未找到
    low=0,high=n-1;
    while(low<=high)
    {
        mid=(low+high)/2;
        if(x<v[mid])
            high=mid-1;
        else if(x>v[mid])
            low=mid+1;
        else
        {
            find=mid;
            break;
        }
    }
    return find;
}
```

评析:建立独立通用的折半查找函数,将整个问题简而化之,使整个程序的结构更简洁合理,使整个问题的解决更加方便易行且有效。由于数组名只代表数组的起始地址,所以在以数组作形参的函数中,一般还需要表示形参数组大小(长度)的另一个参数。如本题的折半查找函数 int binary(int v[],int n,int x),其中的形参 n 就是用来接收 v[]数组大小的参数。

8.【解答】程序为

```
#include<iostream>
#define N 80
using namespace std;
void del_char(char str[],char x);                    //函数声明
int main()
{
    char str[N],x;
    cout<<"Enter a string: ";
    gets(str);
    cout<<"Enter the character deleted: ";
    cin>>x;
    del_char(str,x);                                 //函数调用
    cout<<"The new string is: "<<str<<endl;
    return 0;
}
void del_char(char str[],char x)                     //在字符串中删除指定字符
{
    int i,j;
    for(i=0,j=0;str[i]!='\0';i++)
        if(str[i]!=x) str[j++]=str[i];
    str[j]='\0';
}
```

评析：del_char()函数需要的基本信息（输入数据）有两个：存放字符串的一维字符数组，以及其中要删除的字符。由于字符串有一个串结束的标识符'\0'，因此，用于存放字符串的形参一维字符数组，无须再用另一个表示形参字符数组大小（长度）的参数。所以del_char()函数的形参只需定义为 char str[]和 char x 两个。

数组作函数参数，形参数组与实参数组是同一个数组，对形参数组的处理就是对实参数组的处理，所以 del_char()函数无须再设置返回值，函数的类型可以定义为 void。

这样函数的首部就可以定义为 void del_char(char str[],char x)。

在函数体中，要以串结束的标识符'\0'来确定字符串是否处理完毕，注意本题的 del_char()函数中，两个位置上串结束标识符'\0'的正确使用。

9.【解答】程序为

```
#include<iostream>
#include<string.h>
using namespace std;
int main()
{
    char str[80];
```

```
    void reverse(char str[]);
    cout<<"请输入字符串: ";
    gets(str);
    reverse(str);
    cout<<"反转后的字符串为: ";
    puts(str);
    return 0;
}
void reverse(char str[])                    //字符串反转
{
    char t;
    int i,j,len=strlen(str);
    for(i=0,j=len;i<len/2;i++,j--)
    {
        t=str[i];
        str[i]-str[j-1];
        str[j-1]=t;
    }
}
```

评析：在本题的字符串反转函数 reverse(char str[]) 中，它不是直接以串结束的标识符'\0'来确定字符串是否处理完毕，而是通过 strlen() 函数先获取被处理字符串的有效长度，再依据字符串的有效长度来决定字符串的处理过程。

4.8   习题 8 解答

一、问答题

1.【解答】地址是内存的位置表示数，指针除了有地址信息外，还有该地址存放数据的类型信息。指针变量则是可以存储指针数据的变量。

2.【解答】声明语句中，* 表示后面是指针变量；在执行语句中，它表示间接寻址，即取指针所表示内存地址中的数据。

3.【解答】传递内存地址及数据类型信息。

4.【解答】一维数组名就是第一个数组元素的地址指针常量，字符串的地址是一个字符指针常量。

5.【解答】行指针表示数据类型为一行数组，列指针为单个元素类型。

6.【解答】申请后需注意是否成功，使用后需要释放。

二、选择题

1.【解答】D

评析：在 int a,b, ＊c＝&a;之后,没有重新给 c 赋值或其他变化的操作,所以 c 仍然指向 a。

2.【解答】D

评析：本题的程序代码,首先是有语法错误,int myswap(int p, int q)的形参是 int 型的一般变量,函数调用 myswap(&a,&b)传递的实参却是地址(指针),实参与形参类型不一致。选项 B 和选项 C 虽然从语法上纠正了实参与形参类型不一致的错误,但没有纠正算法的逻辑错误,都不能实现两个整型变量值的交换。所以本题的答案是选项 D。

3.【解答】B

评析：数组名 s 是一个指针常量,常量不能改变,不允许 s＋＋的操作。所以本题的答案是选项 B。

4.【解答】A

评析：二维数组元素的存储顺序是行优先,在第 0 行元素之后才是第 1 行元素,以此类推。因此,对于 m 行 n 列的二维数组,第 i 行、第 j 列的元素位置是在首个元素之后的 i＊n＋j 元素的位置。int a[4][6];说明数组 a 的每一行有 6 个元素,共有 4 行。本题的 4 个选项中,只有选项 A 正确表示了第 i 行、第 j 列的元素在 a 数组中的存储位置。所以本题的答案是选项 A。

5.【解答】C

评析：p 是指向二维数组 s 的行指针,它指向第 0 行。

选项 C 中,p＋i 表示指向第 i 行的行指针,＊(p＋i)表示指向第 i 行、第 0 列元素的列指针,＊(p＋i)＋j 则表示指向第 i 行、第 j 列元素的指针。但它还只是指向元素的指针,不代表元素本身,还必须再进行 ＊ 运算,才代表第 i 行第 j 列元素,即选项 A：＊(＊(p＋i)＋j),它是对 s 数组的第 i 行第 j 列元素的正确引用。

选项 B 中,p[i]等价于 ＊(p＋i),它表示指向第 i 行、第 0 列元素的列指针,p[i]＋j 则表示指向第 i 行、第 j 列元素的指针,再进行 ＊ 运算：＊(p[i]＋j),即代表第 i 行第 j 列元素,它也是对 s 数组的第 i 行第 j 列元素的正确引用。

选项 D 中,p＋i 表示指向第 i 行的行指针,＊(p＋i)表示指向第 i 行、第 0 列元素的列指针,(＊(p＋i))则等价于第 i 行的一维数组,(＊(p＋i))[j]就代表第 i 行第 j 列的元素了,它也是对 s 数组的第 i 行第 j 列元素的正确引用。

所以本题的答案是选项 C。

6.【解答】A

评析：选项 A 中,a＋1 表示指向第 1 行的行指针,＊(a＋1)表示指向第 1 行、第 0 列元素的列指针,它还只是指向元素的指针,不代表元素本身。

选项 B 中,＊(a＋1)表示指向第 1 行、第 0 列元素的列指针,(＊(a＋1))则等价于第 1 行的一维数组,(＊(a＋1))[2]就代表第 1 行第 2 列元素。

选项 C 中,a＋2 表示指向第 2 行的行指针,＊(a＋2)表示指向第 2 行、第 0 列元素的列指针,再进行 ＊ 运算：＊＊(a＋2),即代表第 2 行第 0 列元素。

选项 D 中,a＋1 表示指向第 1 行的行指针,＊(a＋1)表示指向第 1 行、第 0 列元素的列指针,＊(a＋1)＋2 则表示指向第 1 行、第 2 列元素,再进行 ＊ 运算：＊(＊(a＋1)＋2),

即代表第 1 行第 2 列元素。选项 D 与选项 B 等价。

所以本题的答案是选项 A。

7.【解答】D

评析：p 是指向每行有 4 个元素的二维数组的指针变量，p 与二维数组名 a 的指针级别一致，都是二级指针。＊a 和 a[1]是指向元素的一级指针。因而选项 A、B 和 C 赋值运算符＝两边的指针级别不一致，是错误的。只有选项 D 是正确的。

8.【解答】D

评析：q 是一个指针数组，它与二维数组名 b 的指针级别一致，都是二级指针，＊b 和＊q 则都降为一级指针，&b[1][2]也是一级指针。选项 C 赋值运算符＝两边的指针级别不一致，错误。选项 D 赋值运算符＝两边的指针级别一致，正确。

q 是指针数组的数组名，数组名是一个常量指针，常量不能被改变，不允许被重新赋值，所以选项 A 和选项 B 都是错误的。所以本题的答案是选项 D。

9.【解答】C

评析：选项 A，定义一个字符指针变量的同时，使其指向一个常量字符串，正确。

选项 B，定义一个字符指针变量之后，再使其指向一个常量字符串，正确。

选项 C，定义一个字符数组，但缺省数组长度的说明，数组长度依据初始化元素的个数确定。但其初始化的元素中缺少串结束符'\0'，所以它没有实现正确的字符串赋初值的操作。

选项 D，数组长度大于显式初始化元素的个数，其他元素系统自动赋 0 值，0 即是串结束符，所以选项 D 也是正确的字符串赋初值的方式。因此本题的答案是选项 C。

三、填空题

1.【解答】11

评析：p＝&a[1]，(＊p)即 a[1]，＋＋(＊p)即＋＋(a[1])，也就是使 a[1]元素值自增 1，a[1]元素初始值是 10，自增 1 后变为 11。

2.【解答】10

评析：p＝&a[2]，即 p 指向 a[2]元素，－－p 表示使 p 自减 1，即 p 改变指向到前一个元素 a[1]，进一步做＊运算，即代表 a[1]元素，而 a[1]元素的值是 10，所以＊－－p 的值是 10。

3.【解答】12,12

评析：&a[0][0]是指向首元素的指针，&a[0][0]＋2＊2＋1 则表示指向首元素之后第 5 个元素的指针，第 5 个元素即值为 12 的元素，进一步做＊运算，即取出该元素值：12。

a 数组第 0 行的 3 个元素分别是 2、4、6，第 1 行的 3 个元素分别是 8、10、12。

a[1]等价于＊(a＋1)＋0，是指向第 1 行第 0 列的元素指针。a[1]＋2 则表示指向第 1 行第 2 列的元素指针，即指向元素值为 12 的元素指针。进一步做＊运算：＊(a[1]＋2)，即取出该元素值：12。

4.【解答】二维数组 s 第 1 行元素的行地址(s＋1，或 &s[1]，或 s[1])。

评析：p 是指向每行有 3 个元素的二维数组的指针变量，p＝s 表示 p 指向第 0 行，p＋1 则表示指向第 1 行，等价于 s＋1，即 &s[1]，也就是 s[1]所代表的二维数组中的一个一维数组，即数组 s[1]。

5.【解答】将数字字符串转换为相应的整型数据。

评析："12345"是由'1'～'5'这 5 个数字字符组成的字符串，注意区别 0～9 的整数与'0'～'9'的数字字符。代码 * p－'0'是将 p 指向的一个数字字符转换为相应的整数。

6.【解答】输出多个字符串，每个字符串一行。

评析：q 是一个二级字符指针，str[]是一个一维字符指针数组，str 数组的每一个元素是一个字符指针，分别指向 5 个单词字符串的首字符。

for 语句的 5 次循环中，第一次循环：q＝str，即 q＝&str[0]，* q 即 str[0]，也就是指向第一个单词"ENGLISH"的字符指针，那么 cout＜＜ * q＜＜"\n"则输出第一个单词"ENGLISH"，cout＜＜ * (q＋＋)＜＜"\n"则是输出第一个单词后，使 q＋＋，也就是使 q 指向下一个指针元素，即 q＝&str[1]，依此类推。

所以，程序段的功能是分行输出其中的 5 个单词。

7.【解答】补充后的程序为

```
int delmore(int a[], int m)          //m 为有序数组 a 的长度
{
    int i,j,n;
    n=i=m-1;
    while(i>0)
    {
        if(* (a+i)== * (a+i-1))
        {
            for(j=i;j<=n;j++)
                * (a+j-1)= * (a+j);
            n--;
        }
        i--;
    }
    return n+1;                       //返回无重复数据的新的有序数组 a 的长度
}
```

评析：a 数组中的数据已按由小到大的顺序存放，所以重复的数据肯定是相邻元素的数据。要删除重复的数据，从最后两个元素开始测试，将重复数据之后的每个元素前移一个存放位置即可。if(* (a+i)== * (a+i-1))就是比较 a[i-1]与 a[i]相邻元素的数据是否相等(重复)，若相等，就将 a[i]元素开始的后续元素前移一个存放位置，即内嵌的 for 循环的操作。所以 for 循环的起始点是 j＝i。后续元素前移一个，即 * (a+j-1)= * (a+j)。

8.【解答】补充后的程序为

```
#define M 6
void max_e(int a[M][M],int s[M])              //M为二维数组 a 的行数
{
    int i, j;
    for(i=0; i<M; i++)
    {
        * (s+i)=* (   * (a+i)   );
      for(j=1;j<M;j++)
            if(* (s+i)   <   * (* (a+i)+j))
                * (s+i)=* (   * (a+i)+j   );
    }
}
```

评析：* (s+i)，即 s[i]，它用于存放二维数组 a 的第 i 行的最大元素值。

* (* (a+i)+j)，即 a[i][j]元素，它表示二维数组 a 的第 i 行、第 j 列的元素。

外循环遍历二维数组 a 的每一行，内循环遍历某一行的每一个元素。在遍历第 i 行的每个元素前，先假设 a[i][0]元素，即 * (* (a+i))表示的元素，它的值最大，并把它存放在 s[i]元素中，即 s[i]=a[i][0]，或 * (s+i)=* (* (a+i))。所以第(1)个空是 * (a+i)。

然后遍历该行的每个元素，如果有更大值的元素，则重新把这个更大值的元素存放在 s[i]元素中。第(2)个空所在的 if 语句就是比较是否有更大值的元素，所以第(2)个空是比较运算符<。第(3)个空所在的语句则是把更大值的元素存放在 s[i]元素中，即：s[i]=a[i][j]，或 * (s+i)=* (* (a+i)+j)，所以第(3)个空是 * (a+i)+j。

9.【解答】补充后的程序为

```
char * conj(char * p1,char * p2)
{
    char * p=p1;
    while(* p1)
        p1++                      ;
    while(* p2)
    {
        * p1=   * p2         ;
        p1++;
        p2++;
    }
    * p1='\0';
    Return p                      ;
}
```

评析：p1 用于指向第一个字符串的字符，p2 用于指向第二个字符串的字符。

第一个字符串的起始位置先存放在指针变量 p 中，即 char * p=p1;的操作。

第一个 while 循环是要移动 p1 指针到第一个字符串的串结束符位置,所以第(1)个空是 p1＋＋,或其他等效操作。

第二个 while 循环是要将第二个字符串的有效字符逐一复制(赋值)到第一个字符串的尾部,即 ＊ p1＝ ＊ p2,然后 p1、p2 要同步自增。所以第(2)个空是 ＊ p2。

函数类型是一个字符指针(char ＊),它要求返回一个指向新字符串的指针,也就是原来第一个字符串的起始位置 p。所以第(3)个空是 return p。

10.【解答】1

评析:int fun(char ＊ s1,char ＊ s2)函数的功能是比较两个字符串,返回 ASCII 码值的比较结果。fun(p1,p2)函数调用,p1 指向的字符串"abcxyz"与 p2 指向的字符串"abcwdj",前 3 个字符相同,其后对应的字符不同,比较出大小:'x'－'w'的值为 1,所以程序的输出结果是 1。

四、编程题

1.【解答】程序为

```cpp
#include<iostream>
using namespace std;
void max_min(int arr[],int n,int * max,int * min,\
             int * index_max,int * index_min)
{
    int i;
    * max=arr[0], * index_max=0;
    * min=arr[0], * index_min=0;
    for(i=1; i<n; i++)
    {
        if(arr[i]> * max) * max=arr[i], * index_max=i;
        if(arr[i]< * min) * min=arr[i], * index_min=i;
    }
}
int main()
{
    int i,a[10],max,min,index_max,index_min;
    cout<<"Enter 10 integers:";
    for(i=0; i<=9; i++)
    {
        cin>>a[i];
    }
    max_min(a,10,&max,&min,&index_max,&index_min);
    cout<<"max="<<max<<","<<"index="<<index_max<<endl;
    cout<<"min="<<min<<","<<"index="<<index_min<<endl;
    return 0;
}
```

评析：一个函数处理的结果不止一个值时，可通过指针变量作形参实现。若不通过 return 语句返回其中的一个值，则函数处理的结果需要有几个值，形参指针变量就需要相应的个数。

本题的 max_min()函数需要得到最大数、最小数及其所在的下标等 4 个值，所以该函数的形参需要相应的 4 个指针变量：int ＊ max、int ＊ min、int ＊ index_max 和 int ＊ index_min。

2. 【解答】程序为

```
#include<iostream>
#include<iomanip>
#define N 3
using namespace std;
void convert_array(int arr[],int n);          //函数声明
int main()
{
    int a[N][N]={1,2,3,4,5,6,7,8,9};
    int i,j,n=N;
    cout<<"\nThe original array:\n";
    for(i=0;i<n;i++)
    {
        for(j=0;j<n;j++)
            cout<<setw(5)<<a[i][j];
        cout<<"\n";
    }
    convert_array(a[0],n);                     //函数调用
    cout<<"\nThe converted array:\n";
    for(i=0;i<n;i++)
    {
        for(j=0;j<n;j++)
            cout<<setw(5)<<a[i][j];
        cout<<"\n";
    }
    return 0;
}
void convert_array(int ＊ arr,int n)            //函数定义,参数也可以用数组名
{
    int i,j,t;
    for(i=0;i<n;i++)
        for(j=i+1;j<n;j++)
        {
            t=arr[i＊n+j];
            arr[i＊n+j]=arr[j＊n+i];
            arr[j＊n+i]=t;
        }
}
```

评析：处理二维数组的函数，若直接用二维数组作形参，函数的通用性受到限制。所以，为了不影响函数的独立通用性，可以用一维数组或指针变量作形参来处理二维数组的问题。这时，一般还需要有表示二维数组大小（行列长度）的形参变量。

本题实现矩形方阵转置的函数 void convert_array(int ＊ arr,int n)，因为是矩形方阵，行列数是一致的。所以表示二维数组大小（行列长度）的形参变量只用一个（int n）即可。

3. **【解答】**程序为

```
#include<iostream>
#include<iomanip>
using namespace std;
int arr_edge_sum(int ＊ arr,int m,int n);              //函数声明
int main()
{
    int a[3][4]={1,2,3,4,5,6,7,8,9};
    int i,j;
    cout<<"The array data:\n";
    for(i=0;i<3;i++)
    {
        for(j=0;j<4;j++)
            cout<<setw(5)<<a[i][j];
        cout<<"\n";
    }
    cout<<"\nsum="<<arr_edge_sum(a[0],3,4)<<"\n";      //函数调用
    return 0;
}
int arr_edge_sum(int ＊ arr,int m,int n)               //函数定义
{
    int i,j,sum=0;
    for(i=0,j=0;j<n;j++)
        sum=sum+＊(arr+i＊n+j);   //or: arr[i＊n+j]
    for(i=m-1,j=0;j<n;j++)
        sum=sum+＊(arr+i＊n+j);
    for(i=1,j=0;i<m-1;i++)
        sum=sum+＊(arr+i＊n+j);
    for(i=1,j=n-1;i<m-1;i++)
        sum=sum+＊(arr+i＊n+j);
    return(sum);
}
```

评析：处理二维数组的函数，若直接用二维数组作形参，函数的通用性受到限制。所以，为了不影响函数的独立通用性，可以用一维数组或指针变量作形参来处理二维数组的问题。这时，一般还需要有表示二维数组大小（行列长度）的形参变量。

本题处理矩形的函数为 int arr_edge_sum(int * arr,int m,int n)，其中的形参 m 表示二维数组的行数，形参 n 表示二维数组的列数。

4.【解答】程序为

```
#include<iostream>
#define N 80
using namespace std;
void del_char(char * str,char x);                       //函数声明
int main()
{
    char str[N],x;
    cout<<"Enter a string: ";
    gets(str);
    cout<<"Enter the character deleted: ";
    cin>>x;
    del_char(str,x);                                    //函数调用
    cout<<"The new string is: "<<str;
    return 0;
}
void del_char(char * p,char x)                          //函数定义
{
    char * q=p;
    for(; * p!='\0';p++)
        if( * p!=x)     * q++= * p;
    * q='\0';
}
```

评析：del_char()函数需要的基本信息(输入数据)有两个：一个字符串，以及其中要删除的字符。因此，可以使用一个字符指针和一个字符变量作 del_char()函数的形参。该函数处理的结果就是形参字符指针所指向的实参字符串，函数无须再设置返回值，所以函数的类型可以定义为 void。这样函数的首部就可以定义为 void del_char(char * p, char x)。

在函数体中，要以串结束的标识符'\0'来确定字符串是否处理完毕，注意本题的 del_char()函数中，两个位置上串结束标识符'\0'的正确使用。

del_char()函数的首部也可以定义为 char * del_char(char * p,char x)，即函数类型定义为一个字符指针，它明确表示出函数返回的结果是一个字符串。这时，在函数体中要有相应的 return 语句，返回指向结果字符串首字符的指针。

5.【解答】程序为

```
#include<iostream>
#include<string.h>
#define N 80
```

```
using namespace std;
void reverse(char * str);                        //函数声明
int main()
{
    char str[80];
    cout<<"请输入字符串: ";
    gets(str);
    reverse(str);
    cout<<"反转后的字符串为: ";
    puts(str);
    return 0;
}
void reverse(char * str)                         //函数定义
{
    char t;
    int i,j,len=strlen(str);
    for(i=0,j=len;i<len/2;i++,j--)
    {
        t=* (str+i);
        * (str+i)=* (str+j-1);
        * (str+j-1)=t;
    }
}
```

评析:

(1) 字符串反转函数 reverse(),要处理的数据是一个字符串,因此,可以使用一个字符指针作函数的形参。函数处理的结果就是形参字符指针所指向的实参字符串,函数无须再设置返回值,所以函数的类型可以定义为 void。这样函数的首部就可以定义为 void reverse(char * str)。

(2) 在本题的字符串反转函数 reverse()中,它不是直接以串结束的标识符'\0'来确定字符串是否处理完毕,而是通过 strlen()函数先获取被处理字符串的有效长度,再依据字符串的有效长度来决定字符串的处理过程。

(3) reverse()函数的首部也可以定义为 char * reverse(char * str),即函数类型定义为一个字符指针,它明确表示出函数返回的结果是一个字符串。这时,在函数体中要有相应的 return 语句,返回指向结果字符串首字符的指针。

6. 【解答】(1)程序为

```
#include<iostream>
#include<string.h>
using namespace std;
void strPartCopy(char * dest, char * source)
```

```
{
    int i,len=strlen(source);
    for(i=0;i<len;i+=2,source+=2,dest++)
        * dest= * source;
    * dest='\0';
}
int main()
{
    char str1[80],str2[80];
    cout<<"Enter a string(str1): ";
    gets(str1);
    strPartCopy(str2,str1);
    cout<<"str2: "<<str2;
    return 0;
}
```

（2）程序为

```
#include<iostream>
#include<string.h>
using namespace std;
char * strPartCopy(char * str)
{
    char * p=str, * dest=str;
    int i,len=strlen(str);
    for(i=0;i<len;i+=2,str+=2,dest++)
        * dest= * str;
    * dest='\0';
    return p;
}
int main()
{
    char str1[80], * str2;
    cout<<"Enter a string(str1): ";
    gets(str1);
    str2=strPartCopy(str1);
    cout<<"str2: "<<str2;
    return 0;
}
```

评析：

（1）方法一的函数原型：void strPartCopy(char * , char *)，其中的两个字符指针
形参，分别代表被处理的字符串 str1 和函数处理后的新字符串 str2。只要清楚了两个字

符指针形参的意义,函数的处理代码就不难理解了。

　　(2) 方法二的函数原型:char ＊ strPartCopy(char ＊),形参只有一个字符指针,表明它就是用来指向被处理的实参字符串 str1 的首字符的指针,而且就是在源字符串 str1 的空间中建立一个新的字符串。因此,既可以定义函数类型为字符指针(char ＊),用以明确表示出函数返回的结果是一个字符串;也可以定义函数类型为 void。清楚了函数首部各部分的意义,对函数的处理代码就不难理解了。

　　7.【解答】程序为

```
#include<iostream>
#include<iomanip>
#include<stdlib.h>
#include<time.h>
#define M 4
#define N 5
using namespace std;
int isSaddlePoint(int arr[],int m,int n,int ＊ r,int ＊ c)
        //函数定义,判断一个数组元素是否鞍点,r 是该元素的行号,c 是列号
{
    int flag=1;                              //假设当前点是鞍点
    int i,j;
    for(i=0;i<m;i++)
        if(arr[i ＊ n+ ＊ c]<arr[ ＊ r ＊ n+ ＊ c])
        {
            flag=0;
            break;
        }
    if(flag)
        for(j=0;j<n;j++)
            if(arr[ ＊ r ＊ n+j]>arr[ ＊ r ＊ n+ ＊ c])
            {
                flag=0;
                break;
            }
    return flag;
}
int main()
{
    int a[M][N];
    int i,j,n=0;
     srand((unsigned)time(NULL));               //设随机种子
    for(i=0;i<M;i++)
        for(j=0;j<N;j++)
```

```
            a[i][j]=rand()/100;                  //通过随机函数建立数组
    for(i=0;i<M;i++)
    {
        for(j=0;j<N;j++)
            cout<<setw(5)<<a[i][j];
        cout<<"\n";
    }
    cout<<"鞍点: "<<"\n";
    for(i=0;i<M;i++)
        for(j=0;j<N;j++)
            if(isSaddlePoint(a[0],M,N,&i,&j))
            {   n++;
                cout<<" ("<<i<<","<<j<<")\n";
            }
    if(n==0) cout<<"没有鞍点 \n";
    return 0;
}
```

评析：处理二维数组的函数,若直接用二维数组作形参,函数的通用性受到限制。所以,为了函数的独立通用性,可以用一维数组或指针变量作形参来处理二维数组的问题。这时,一般还需要有表示二维数组大小(行列长度)的形参变量。

本题求二维数组鞍点的函数：int isSaddlePoint(int arr[],int m,int n,int * r,int * c),它也是借助于一维数组来处理二维数组的问题,其中的形参 m 表示二维数组的行数,形参 n 表示二维数组的列数。另外,当一个函数处理的结果不止一个值时,可通过指针变量作形参实现。求二维数组的鞍点,不仅需要判断是否是鞍点,还需要得到鞍点的行、列下标两个值,所以该函数的形参还增加了另外两个指针变量：int * r 和 int * c。

在 isSaddlePoint()函数的实现代码中,通过使用 flag 标志量,使函数代码保证了只在最后使用一个 return 语句,保障了结构化程序"单入口、单出口"的基本原则。

8.**【解答】**程序为

```
#include<iostream>
#define A 3+1              //3个学生,第 0 行存放每门课的平均分
#define B 5+1              //5 门课程,第 0 列存放每个学生的平均分
using namespace std;
void stu_average(int a,int b,float * p);                    //函数声明
void course_average(int a,int b,float (* p)[B]);            //函数声明
int main()
{
    int i;
    float score[A][B]={{0},{0,100,60,70,81,52},\
            {0,62,71,83,92,98},{0,90,70,50,60,40}};
```

```
        stu_average(A-1,B-1,score[1]);        //函数调用,计算每生平均分
        course_average(A-1,B-1,score);        //函数调用,计算课程平均分
        cout<<"Average of students is:\n";
        for(i=1;i<A;i++)
            cout<<" Student "<<i<<" : "<<score[i][0]<<endl;
        cout<<endl;
        cout<<"Average of courses is:\n";
        for(i=1;i<B;i++)
            cout<<" Course "<<i<<" : "<<score[0][i]<<endl;
        return 0;
}
void stu_average(int a,int b,float * p)
{
    int i,j;
    float total, * q;                         //q用于指向当前行第 0 列元素
    for(i=1;i<=a;i++)                          //从第 1 行开始计算
    {
        total=0;
        q=p++;                                 //将当前行 0 列给 q,p 到下一列
        for(j=1;j<=b;j++,p++)
            total=total+ * p;                  //计算一行中各列成绩总和
        * q=total/b;                           //第 0 列各行元素存放学生平均分
    }
}
void course_average(int a,int b,float (* p)[B])
{
    int i,j;
    float total;
    for(j=1;j<=b;j++)
    {
        total=0;
        for(i=1;i<=a;i++)
            total+= * (* (p+i)+j);             //计算同一列中各行成绩总和
        * (* p+j)=total/a;                     //第 0 行各列元素存放课程平均分
    }
}
```

评析:

(1) 本题的程序代码,通过建立多个独立的处理函数,将整个问题简而化之,使整个程序的结构更简洁合理,使整个问题的解决更加方便、易行且有效。

(2) 计算学生平均成绩的函数 stu_average()和计算课程平均成绩的函数 course_average(),它们所处理的数据对象是同一个二维数组 score[A][B],但处理的方法不一样,stu_average()函数的形参使用的是列指针(指向元素的指针),而 course_average()函

数的形参使用的是行指针。具体地说,在函数 stu_average()中,形参 p 被声明为一个指向 float 型变量的指针。从二维数组的第 1 行开始,用 p 先后指向二维数组的各个元素,p 每加 1 就指向下一个元素。相应的实参用 score[1],它是一个列指针,指向 score[1][0] 元素。形参 a 和 b 代表学生数和课程数,计算出的每个学生的平均成绩存放在指针 q 所指向的数组元素中,即每行中的第 0 列元素。

在函数 course_average()中,形参 p 被声明为一个指向由 B 个 float 型元素组成的一维数组的指针。函数调用时,将实参 score 的值(行指针)传递给 p,p 指向二维数组 score 的首行,p+i 指向二维数组 score 的第 i 行,*(p+i)+j 是 score[i][j]的地址,*(*(p+i)+j)就是 score[i][j]元素,*(*p+j)就是 score[0][j]元素。

由于 course_average()函数的形参使用的是行指针,它只能处理每行必须是 B 个元素的二维数组,其通用性受到限制。从函数的独立通用性考虑,course_average()函数也应该按照 stu_average()函数一样,借助于一维数组或指针变量,以一维数组或指针变量作形参来处理二维数组的问题。

9.【解答】"严格回文"判断程序为

```cpp
#include<iostream>
#include<string.h>
using namespace std;
int palin(char * str);                          //函数声明
int main()
{
    char str[80];
    cout<<"Input a string: ";
    gets(str);
    if(palin(str))
        cout<<"It is a palindromia string."<<endl;
    else
        cout<<"It is not a palindromia string."<<endl;
    return 0;
}
int palin(char * str)
{
    int flag=1;
    int len=strlen(str);
    char * head, * tail;
    head=str,tail=str+len-1;                     //分别指向字符串首部和尾部
    while(head!=tail)
    {
        if( * head!= * tail)
        {
            flag=0;
```

```
                break;
            }
            head++,tail--;
        }
        return flag;
    }
```

【解答】"宽松回文"判断程序为

```cpp
#include<iostream>
#include<string.h>
using namespace std;
int palin(char * str);                          //函数声明

int main()
{
    char str[80];
    cout<<"Input a string: ";
    gets(str);
    if(palin(str))
        cout<<"It is a palindromia string."<<endl;
    else
        cout<<"It is not a palindromia string."<<endl;
    return 0;
}
int palin(char * str)
{
    int flag=1;
    int len=strlen(str);
    char * head, * tail;
    head=str,tail=str+len-1;                     //分别指向字符串首部和尾部
    while(head!=tail)
    {
        if( * head>='a'&& * head<='z')
            * head= * head-('a'-'A');            //小写字母转换为大写
        else if(!( * head>='A'&& * head<='Z'))
        {
            head++;continue;                     //跳过非字母字符
        }
        if( * tail>='a'&& * tail<='z')
            * tail= * tail-('a'-'A');            //小写字母转换为大写
        else if(!( * tail>='A'&& * tail<='Z'))
        {   tail--;continue;   }                 //跳过非字母字符
```

```
        if(* head!= * tail)
        {
            flag=0;
            break;
        }
        head++,tail--;
    }
    return flag;
}
```

评析：函数 palin()处理的对象是一个字符串,故可以使用一个字符指针作函数的形参;函数的返回值应该是一个逻辑量(真或假),但 C 语言并没有逻辑型的量,而是用 1 表示真、0 表示假,因此可以把该函数的类型定义为 int 型。这样函数的首部就可以确定为 int palin(char * str)。

在函数 palin()的处理代码(函数体)中,可以定义两个指针变量,分别指向字符串首部及尾部,判断它们指向的字符是否相等;若相等,则头指针 head 向后移动一个字符位置,尾指针 tail 向前移动一个字符位置,继续判断它们指向的字符是否相等,直到能判断出结果。若放宽要求,则在头指针 head 和尾指针 tail 移动过程中,遇空格或标点符号等则跳过,只对大小写字母进行比较,而且在比较之前先将字母统一转换为大写字母(或小写字母),然后再比较。

4.9 习题 9 解答

1.【解答】程序为

```
#include<iostream>
using namespace std;
int words_n(char * str)
{
    int num=0, flag=0;              //flag: 0-非单词状态,1-单词状态
    while(* str!='\0')
    {
        if(* str!=' ')
        {
            if(flag==0)
            {
                num++;
                flag=1;
            }
        }
```

```
        else
            flag=0;
        str++;
    }
    return num;
}
int main()
{
    char s[]=" This  is   a  C programming test";
    int num;
    num=words_n(s);
    cout<<"number of words: "<<num<<"\n";
    return 0;
}
```

评析：统计字符串单词个数的函数 int words_n(char ∗ str)，其算法思路是先设置一个记录单词数的 num 变量(初值为 0)，设置一个单词状态标志量 flag，其值为 0—代表非单词状态，1—代表单词状态。

然后从字符串 str 的首字符开始，顺序扫描每一个字符，找出每一个单词，直到字符串 str 的最后一个字符为止。其中"找单词"(即判断单词)的方法如下：

if(当前字符不是空格)

{

    进一步判断：

    if(前一字符不是单词状态，即 flag 为 0)

        表明当前字符为单词的首个字符，即刚刚进入单词状态

        则使记录单词数的 num 变量自增 1，并置单词状态标志量 flag 为 1

}

else(当前字符是空格)

{

    进一步判断：

    if(前一字符是单词状态，即 flag 为 1)

        表明当前字符为单词的尾字符，即刚刚离开单词状态

        则置单词状态标志量 flag 为 0

}

2.【解答】程序为

```
#include<iostream>
using namespace std;
int main(void)
{
```

```
int nL=0,nU=0,nD=0,nO=0;
char s[100], * p;
p=s;
cout<<"please input a string: ";
gets(s);
    while( * p!='\0')
{
    if('a'<= * p&& * p<='z')
        nL++;
    else if('A'<= * p&& * p<='Z')
        nU++;
    else if('0'<= * p&& * p<='9')
        nD++;
    else
        nO++;
    p++;
}
cout<<"小写: "<<nL<<", 大写: "<<nU<<", 数字: "<<nD<<", 其他: "<<nO;
return 0;
}
```

评析：统计字符串中不同种类字符的个数，首先是针对字符串每个字符逐一处理的一个循环，循环至字符串尾'\0'结束。对每个字符的统计判断则是一个多分支，可以用 if else 嵌套实现。

3.【解答】程序为

```
#include<iostream>
#include<string.h>
using namespace std;
int main(void)
{
    int i,j,k;
    char n[5][10],m[10];
    for(i=0;i<5;i++)
    {
        cout<<"\n Input a name: ";
        gets(n[i]);
    }
    for(i=0;i<4;i++)                        //选择法排序
    {
        k=i;
        for(j=i+1;j<5;j++)
```

```
            if(strcmp(n[k],n[j])>0)
                k=j;
        if(k!=i)
        {
            strcpy(m,n[i]);
            strcpy(n[i],n[k]);
            strcpy(n[k],m);
        }
        puts(n[i]);
    }
    puts(n[i]);
    return 0;
}
```

评析：将多个字符串排序，用选择法比交换法更方便，因为字符串交换位置不方便。与常规数据排序类似，不过将关系运算改为 strcmp 串比较函数，通过选择法可以实现多个字符串的排序。

4.【解答】程序为

```
using namespace std;
void inputd(char *);                    //函数声明,输入二进制数
void proc_d(char *);                    //使二进制数右对齐到 40 位
void add(char *,char *,char *);          //做加法
int main(void)
{
    char a[41],b[41],c[42];

    inputd(a);                          //输入一个二进制数
    inputd(b);                          //输入另一个二进制数
    puts(a);                            //显示
    puts(b);                            //显示
    proc_d(a);                          //右对齐到 40 位
    proc_d(b);                          //右对齐
    add(a,b,c);                         //加并显示结果
    return 0;
}
void inputd(char * a)
{
    char * p=a;1    int OK=1;
    while(OK)                           //循环直到输入合法的二进制数
    {
        OK=0;
```

```
                cout<<"\n请输入一个40位以内的二进制数：";
                gets(a);
                p=a;
                while(*p!='\0')                  //判断是否有非法字符
                {
                    if(*p<'0'||*p>'1')
                    {
                        OK=1;
                        break;
                    }
                    p++;
                }
        }
}
void proc_d(char * a)
{
        char m[41], * p=a;                       //准备将a中的字符串右移到m中
        int i=40;                                //达到40位,左边补'0'
        while(*p!='\0')                          //p移到a中的字符串尾
            p++;
        while(p!=a)                              //复制到m中的最右边起
        {
            m[i]= * p;
            i--;
            p--;
        }
        m[i]= * p;
        i--;
        while(i>=0)
        {
            m[i--]='0';                          //m中左边补'0'
        }
        strcpy(a,m);                             //复制回a中
        puts(a);
}
void add(char * a,char * b,char * c)
{
        int i,k=0;
        char * p;
        for(i=40;i>0;i--)                        //从右边低位加起,k是进位
        {
            c[i]=a[i-1]-'0'+b[i-1]-'0'+k;
            k=c[i]/2;                            //k是进位
```

```
        c[i]=c[i]%2+'0';                    //进位后的结果,转换为字符
    }
    c[0]=k+'0';                             //单独处理最高位的进位
    puts(c);                                //显示 41 位和
    p=c;                                    //下面是不显示左边多余 0 的和
    while(*p=='0'&&*p!='\0')
        p++;
    if(*p=='\0')
        cout<<0;
    else
        puts(p);
}
```

评析:本题有输入二进制数、整理数、求和 3 个函数。主程序通过传递字符指针来调用函数,3 个函数始终处理的是主程序中的字符数组。

输入二进制数采用输入一个字符串,然后判断是否是合法的二进制数,不是则重新要求输入直至输入合法的二进制数。输入结果在字符数组中,每一位二进制数用一个字符表示。

整理函数是将无左导 0 的二进制数右移使补足到 40 位,左边添加字符'0'。

求和函数是循环处理 40 位的两个字符数组,字符数组起始是最高位,所以从字符数组最后加起,考虑进位。

4.10 习题 10 解答

1.【解答】程序为

```
#include<iostream>
#include<conio.h>
#define N 5
using namespace std;
typedef struct student                  //定义结构体类型
{
    char name[10];
    unsigned studentID;
    unsigned mathsScore;
    unsigned englishScore;
    unsigned computerScore;
}STUDENT;
int main(void)
{
```

```
        int i,j,sumP[N]={0},rank[N]={0};          //数组分别是每人的总分、名次
        double sumC[3]={0};                        //每门课的总分,用于算均分
        STUDENT stu[N];                            //结构体数组,存放每个人信息
        cout<<"please input 5 students' information : \n";
        for(i=0;i<N;i++)                           //通过交互,输入信息
        {
            fflush(stdin);                         //清除输入队列
            cout<<" No. "<<i+1<<endl;
            cout<<" Name : ";
            gets(stu[i].name);
                cout<<" ID : ";
            cin>>stu[i].studentID;
            cout<<" Maths score : ";
            cin>>stu[i].mathsScore;
            cout<<" English score : ";
            cin>>stu[i].englishScore;
            cout<<" Computer score : ";
            cin>>stu[i].computerScore;
        }
        for(i=0;i<N;i++)                           //计算每人总分、每门课总分
        {
            sumP[i]+=stu[i].mathsScore+stu[i].englishScore+\
                                        stu[i].computerScore;
            sumC[0]+=stu[i].mathsScore;
            sumC[1]+=stu[i].englishScore;
            sumC[2]+=stu[i].computerScore;
        }
        for(i=0;i<3;i++)
            sumC[i]/=N;
        for(i=0;i<N;i++)                           //根据总分产生排位
            for(j=0;j<N;j++)
                if(sumP[i]<sumP[j])                //每遇到一个更高分,名次+1
                    rank[i]++;
        cout<<"\n平均分: ";                        //输出结果
        for(i=0;i<3;i++)
            cout<<sumC[i]<<", ";
        for(i=0;i<N;i++)                           //根据名次依次输出
            for(j=0;j<N;j++)                       //搜索该名次
                if(rank[j]==i)
                    cout<<"\n No "<<i+1<<", "<<stu[j].name<<",\t"\
                        <<stu[j].studentID<<", "<<stu[j].mathsScore\
                        <<", "<<stu[j].englishScore<<", "\
                        <<stu[j].computerScore<<", "<<sumP[j];
        return 0;
    }
```

评析：这是一个结构体相关的应用编程。首先需要定义结构体，然后定义结构体数组存放信息、输入数据、处理数据、输出结果。难度并不大，核心是掌握结构体成员的访问方式、格式。另一个需要注意的是，输入姓名时，需要能够处理空格，所以用 gets() 函数较好，但是它对输入队列中未取走的回车符很敏感，多次输入中易误读上一个输入未取走的回车符，所以需要先使用 fflush(stdin) 来清除输入队列，再输入字符串就不会出错。

2.**【解答】**　程序为

```
#include<iostream>
#include<stdlib.h>
using namespace std;
typedef struct student
{
    unsigned num;
    float score;
    struct student * next;              //next 指向 STUDENT 结构体变量
}STUDENT;
int main(void)
{   STUDENT * create(void);            //函数声明
    void print(STUDENT * );            //函数声明
    void Myinsert(STUDENT * ,unsigned);
    STUDENT * Mydelete(STUDENT * ,unsigned);
    STUDENT * head=NULL;
    int k=0;
    unsigned n;
    while(1)
    {   cout<<endl;
        cout<<" 1--创建链表"<<endl;
        cout<<" 2--输出链表"<<endl;
        cout<<" 3--插入节点"<<endl;
        cout<<" 4--删除节点"<<endl;
        cout<<" 0--退出"<<endl;
        cout<<"请选择:";
        cin>>k;
        switch(k)
        {   case 0:    free(head); exit(0);
            case 1:    head=create();       //创建链表
                       break;
            case 2:    print(head);         //输出链表
                       break;
            case 3:    cout<<"\n\n插入在第几个节点后 : ";
                       cin>>n;
                       Myinsert(head,n); //插入节点
                       break;{
```

```
                case 4:     cout<<"\n\n 删除第几个节点 : ";
                            cin>>n;
                            head=Mydelete(head,n);      //删除节点
        }
    }
    return 0;
}
void print(STUDENT * p)
{
    cout<<"\n 输出链表数据:\n";
    if(p!=NULL)
        do{
            cout<<p->num<<": "<<p->score<<endl;
            p=p->next;
        }while(p! =NULL);
    else
        cout<<"此链表为空！\n";
}
STUDENT *  create(void)
{   STUDENT * head=NULL;         //创建空链表,head 值置为 NULL
    STUDENT * p1, * p2;          //用 p1 指向新开辟的节点,用 p2 指向尾节点
    int n=0;                     //链表中的节点个数(初值为 0)
    p1=p2=(STUDENT * )malloc(sizeof(STUDENT));
                                 //申请首节点空间,并使 p1、p2 指向它
    //如果首节点空间申请成功,则建立首节点
    if(p1!=NULL)
    {   n++;                     //节点个数加 1
        cout<<"\n 请输入链表数据(输入 0 则表示结束数据输入)--\n";
        cout<<"请输入第 1 个学生的学号:";
        cin>>p1->num;
        if(p1->num! =0)
        {   cout<<"请输入第 1 个学生的分数:";
            cin>>p1->score;
            head=p1;             //使 head 指向链表的首节点
        }
        else
        {   free(p1);            //释放所申请的节点空间
            return head;         //空链表,退出
        }
    }
    else
        return head;             //空链表,退出
    //开辟新节点
    while(1)
    {   p1=(STUDENT * )malloc(sizeof(STUDENT));
                                 //使 p1 指向新申请的节点
```

```
            if(p1!=NULL)
            {   cout<<"请输入第"<<n+1<<"个学生的学号:";
                cin>>p1->num;
                if(p1->num!=0)
                {   n++;                    //节点个数加 1
                    cout<<"请输入第"<<n<<"个学生的分数:";
                    cin>>p1->score;
                    p2->next=p1;            //把新节点连接到链表尾
                    p2=p1;                  //使 p2 指向尾节点
                }
                else
                {   free(p1);               //释放所申请的节点空间
                    p2->next=NULL;          //置链尾标志
                    return head;
                }
            }
        }
}
void Myinsert(STUDENT * head,unsigned n)
{
    unsigned num;
    int score,i=1;
    STUDENT * p;
    cout<<"\nnum : ";
    cin>>num;
    cout<<"\nscore : ";
    cin>>score;
    while(i<n&&head->next!=NULL)
    {
        i++;
        head=head->next;
    }
    p=(STUDENT * )malloc(sizeof(STUDENT));
    p->next=head->next;
    p->num=num;
    p->score=score;
    head->next=p;
}
STUDENT * Mydelete(STUDENT * head,unsigned n)
{
    unsigned i=1;
    STUDENT * p1=head, * p2;
    if(n==1)
    {
        head=p1->next;
        free(p1);
```

```
    }
    else if(n>1)
    {
        while(i<n-1&&p1->next->next! =NULL)
        {
            i++;
            p1=p1->next;
        }
        p2=p1->next;
        p1->next=p2->next;
        free(p2);
    }
    return head;
}
```

评析：这是一个单向链表的创建和基本操作题。首先要定义链表节点结构体
STUDENT，其中存放有 unsigned num 和 int score 两个数据，另外有指向下一节点结构
体的指针 next。

创建链表、输出显示链表所有节点数据，课本已介绍。本题有插入节点、输出节点操
作。插入节点是在指定的第几个节点后插入，或者已到链表尾，则插到尾部。所以必须先
找到前驱节点，然后新申请一个节点空间，输入数据，并将原前驱的后继节点指针赋值给
新插入节点的 next 成员。

删除节点也是删除指定的第几个节点，如果是第一个，要修改 head 为其 next，并返回
该头指针。其余则必须找到要删除节点的前驱。或者节点数已超出尾节点则删除尾节
点。将前驱的 next->next 赋值给前驱的 next，释放要删除节点的空间。

4.11 习题 11 解答

1. 【解答】程序为

```
#include<iostream>
#include<conio.h>
using namespace std;
#define N 5
int main(void)
{
    int n[N],score[N],i;                    //编号、分数
    char name[N][10],g[N];                  //姓名、性别
    FILE * fp;                              //文件指针
    if((fp=fopen("s.dat","wb"))==NULL)      //以写文件模式新建 s.dat
```

```
    {
        printf("Failure to open student.dat file!\n");
        exit(1);
    }
    for(i=0;i<N;i++)                              //输入信息
    {
        cout<<"\nplease input No. ";
        fflush(stdin);
        cin>>n[i];
        cout<<"\nplease input Name: ";
        fflush(stdin);
        gets(name[i]);
        cout<<"\nplease input gender: ";
        fflush(stdin);
        g[i]=getchar();
        cout<<"\nplease input score: ";
        fflush(stdin);
        cin>>score[i];
        fwrite(n+i,sizeof(int),1,fp);             //写 1 个整型：编号
        fwrite(name[i],10,1,fp);                  //写 10 个字符：姓名
        fputc(g[i],fp);                           //写 1 个字符：性别
        fwrite(score+i,sizeof(int),1,fp);         //写 1 个整型：分数
    }
    fclose(fp);                                   //关闭文件
    cout<<"\nSucceed to write file.";
    return 0;
}
```

评析：这是一个新建文件、写入数据的操作程序。注意文件操作的固定格式、函数和参数。这里使用 fwrite 函数和 fputc 函数来写文件。如果文件已存在，也将被重新改写。

2.【解答】程序为

```
#include<iostream>
#include<iomanip>                                //控制输出格式需要
using namespace std;
#define N 5
int main(void)
{
    int a,score;
    char name[10];
    char g;
    FILE * fp;
    if((fp=fopen("s.dat","rb"))==NULL)           //以只读模式打开
```

```
        {
            printf("Failure to open s.dat file!\n");
            exit(1);
        }
        fread(&a,sizeof(int),1,fp);                    //读取一个整型数
        fread(name,10,1,fp);                           //读取 10 个字符
        g=fgetc(fp);                                   //读取一个字符
        fread(&score,sizeof(int),1,fp);                //读取一个整型数
        while(!feof(fp))                               //循环到文件尾
        {
            cout<<a<<", ";                             //先输出上次读取的数据
            cout<<setw(10)<<std::left<<name;
            cout<<", "<<g<<", "<<score<<endl;
            fread(&a,sizeof(int),1,fp);                //再读取下一个数据
            fread(name,10,1,fp);
            g=fgetc(fp);
            fread(&score,sizeof(int),1,fp);
        };        //最后一次读取的数据不输出显示,因为只是文件尾标记
        fclose(fp);
        return 0;
}
```

评析：这是一个打开文件、只读文件数据的操作程序。注意文件操作的固定格式、函数和参数。这里使用 fread 函数和 fgetc 函数来读文件。判断是否到文件尾函数 feof 必须先调用了读文件函数 fread 或 fgetc 一次,才能得到判断结果。所以最后一次读的已不是文件中的数据了,只是结束标记。

以二进制模式和文本模式打开,本程序没有什么区别。但是如果文件中有回车换行字符时,会有区别。二进制模式将回车符读为换行和光标回左两个字符。只要读、写文件均采用一样的模式就没有问题。

3.**【解答】**程序为

```
#include<iostream>
#include<iomanip>                        //控制输出格式需要
#include<string.h>
using namespace std;
#define N 5+2
int main(void)
{
    int a[N],score[N], * pa, * ps,i,j,k,ma;
    char name[N][10],( * pn)[10],mn[10];
    char g[N], * pg,mg;
```

```
FILE * fp;
pa=a;
ps=score;
pn=name;
pg=g;
if((fp=fopen("s.dat","rb+"))==NULL)              //以读写模式打开,rb+
{
    printf("Failure to open s.dat file!\n");
    exit(1);
}
fread(pa++,sizeof(int),1,fp);
while(!feof(fp))
{
    fread(pn++,10,1,fp);
    * (pg++)=fgetc(fp);
    fread(ps++,sizeof(int),1,fp);
    fread(pa++,sizeof(int),1,fp);
};
for(i=N-2;i<N;i++)
{
    cout<<"\nplease input No. ";
    fflush(stdin);
    cin>>a[i];
    cout<<"\nplease input Name: ";
    fflush(stdin);
    gets(name[i]);
    cout<<"\nplease input gender: ";
    fflush(stdin);
    g[i]=getchar();
    cout<<"\nplease input score: ";
    fflush(stdin);
    cin>>score[i];
}
for(i=0;i<N-1;i++)                               //选择法排序
{
    k=i;
    for(j=i+1;j<N;j++)
        if(a[k]>a[j])
            k=j;
    if(k!=i)
    {
        ma=a[i]; a[i]=a[k]; a[k]=ma;
        strcpy(mn,name[i]); strcpy(name[i],name[k]);
```

```
                        strcpy(name[k],mn);
        mg=g[i]; g[i]=g[k]; g[k]=mg;
        ma=score[i]; score[i]=score[k]; score[k]=ma;
    }
}
rewind(fp);
for(i=0;i<N;i++)
{
    fwrite(a+i,sizeof(int),1,fp);            //写1个整型：编号
    fwrite(name[i],10,1,fp);                 //写字符串：姓名
    fputc(g[i],fp);                          //写1个字符：性别
    fwrite(score+i,sizeof(int),1,fp);        //写1个整型：分数
}
fclose(fp);
cout<<"\nSucceed to write file.";
return 0;
}
```

　　评析：这是一个打开文件、读并写文件数据的操作程序。注意文件操作的固定格式、函数和参数。重新写文件时，使用 rewind 函数重新定位文件指针到文件头，然后重新写入数据。如果新写入的数据比原文件数据少，需要关闭文件后，重新以写方式(wb)打开文件，然后写入。

图书资源支持

感谢您一直以来对清华版图书的支持和爱护。为了配合本书的使用，本书提供配套的资源，有需求的读者请扫描下方的"书圈"微信公众号二维码，在图书专区下载，也可以拨打电话或发送电子邮件咨询。

如果您在使用本书的过程中遇到了什么问题，或者有相关图书出版计划，也请您发邮件告诉我们，以便我们更好地为您服务。

资源下载、样书申请

书圈

我们的联系方式：

地　　址：北京市海淀区双清路学研大厦 A 座 701

邮　　编：100084

电　　话：010-83470236　　010-83470237

资源下载：http://www.tup.com.cn

服邮箱：tupjsj@vip.163.com

：2301891038（请写明您的单位和姓名）

扫一扫，获取最新目录

课程直播

扫一扫右边的二维码，即可关注清华大学出版社公众号"书圈"。